自升式平台在役性能评估

唐文献 张 建 著

科 学 出 版 社
北 京

内 容 简 介

本书以自升式平台为对象，系统阐述了环境载荷推算、拖航/就位工况下平台稳性研究、插/拔桩工况下桩土作用机制、站立工况下平台静态/动态响应特性、站立工况下平台桩腿管节点疲劳寿命评估和意外工况下平台的碰撞特性等在役性能评估方法。

本书既可供从事自升式平台设计、建造与使用的工程技术人员参考，也可供相关专业的研究人员及在校师生参考。

图书在版编目（CIP）数据

自升式平台在役性能评估/唐文献，张建著. —北京：科学出版社，2015.8

ISBN 978-7-03-045547-5

Ⅰ. ①自…　Ⅱ. ①唐…　②张…　Ⅲ. ①自升式平台-操纵性能-技术评估　Ⅳ. ①TE951

中国版本图书馆 CIP 数据核字（2015）第 203009 号

责任编辑：邓静 / 责任校对：郭瑞芝
责任印制：徐晓晨 / 封面设计：迷底书装

科 学 出 版 社 出版
北京东黄城根北街 16 号
邮政编码：100717
http://www.sciencep.com

北京厚诚则铭印刷科技有限公司 印刷

科学出版社发行　　各地新华书店经销
*

2015 年 8 月第 一 版　　开本：720×1000 B5
2015 年 8 月第一次印刷　　印张：12
字数：251 000
定价：87.00 元
（如有印装质量问题，我社负责调换）

前　　言

自升式平台在海上油气资源开发过程中扮演着重要角色，因其服役环境的特殊性，一旦发生安全事故，往往导致财产及人员的重大损失。因此，自升式平台在役性能评估一直是业内科研与工程人员关注的重点。

本书是作者根据多年对自升式平台在役性能评估研究的成果撰写而成的。针对不同评估内容，参考船级社规范，以数值计算为主要手段，并辅之以相关参数对平台在役性能影响规律分析，确定自升式平台在役性能评估方法。全书共 7 章，分别为绪论、自升式平台环境载荷推算、拖航/就位工况下平台稳性研究、插/拔桩工况下桩土作用机制、站立工况下平台静态/动态响应特性、站立工况下平台桩腿管节点疲劳寿命评估、意外工况下平台的碰撞特性。本书在反映海洋装备领域研究前沿的同时，又体现出研究成果的实用性，对自升式平台在役性能评估研究与应用具有很好的指导意义。既可供从事自升式平台设计、建造与使用的工程技术人员参考，也可供相关专业的研究人员及在校师生参考。

本书由唐文献教授与张建博士对全书架构与各章内容进行顶层设计、详细规划，并带领研究团队进行书稿撰写。参与本书撰写的有：唐文献、秦文龙（第 1、2 章），唐文献、唐振新（第 3 章），张建、杨栋（第 4 章），张建、相升旺（第 5 章），唐文献、赵海洋（第 6 章），潘宝俊、韦有溯（第 7 章），此外，研究生张奔、杜雨辰、吴文乐、高泽、倪路瑶、钱浩等也参与了部分编写工作。本书的部分研究工作得到了江苏省"六大人才高峰"项目（2011A031）及烟台来福士海洋工程有限公司、南通润邦海洋工程装备有限公司的资助，在此一并表示衷心的感谢。同时，该书的出版得到了科学出版社的大力支持和帮助，作者也在此表示真诚的感谢。

作者在本书中尽可能详述自升式平台在役性能评估的关键内容，但由于自升式平台在役性能评估一直处于发展之中，再加之作者水平有限，难以全面、完整地将当前的研究前沿和热点问题逐一探讨。书中难免存在不当之处，敬请读者批评指正。

作　者
2015 年 6 月

目　　录

第1章 绪 论

1.1 自升式平台在役性能评估背景

目前，我国正处于实现工业化的经济高速发展期，由经济高速增长所带来的能源需求不断增加，其中对油气的需求量更是急剧增大。但我国油气产量却无法满足国内需要，新增的石油需求量绝大部分要依靠进口，且对外依存度也呈逐年上升趋势。以石油为例，2012 年，对外依存度为 56.4%，而根据《能源发展"十二五"规划》目标，至 2015 年石油对外依存度必须控制在 61% 以内。因此，进一步提高自身油气资源的开发广度和深度，显得尤为重要。

海洋油气资源的开发需求推动了海洋工程装备的发展。我国已经将海洋工程装备制造明确列入"十二五"期间重要扶持的先进制造业之中，2015 年，海洋油气开发装备关键系统和设备的配套率要求达到 30% 以上，2020 年达到 50% 以上。另外，根据《世界海洋工程资讯》统计，截止到 2012 年年底，自升式平台 558 座，固定式平台 248 座，半潜式平台 238 座，坐底式平台 4 座和钻井船 156 艘，可见自升式平台更是海洋工程装备中的主角，见图 1.1。

(a) 自升式平台

(b) 固定式平台

(c) 半潜式平台

(d) 坐底式平台

图 1.1 海洋平台分类

可是，自升式平台在带来巨大经济价值的同时，各类操作工况下的安全事故却屡有发生。首先需要指出的是，环境载荷的预估失准是各类安全事故的主要原因。例如，2010 年，由于第 9 号热带风暴"玛瑙"的影响，中国石油化工集团公司(简称中石化)某海上石油修井平台在作业过程中发生倾斜倒塌事故，事故发生时，海上最大阵风 9 级，浪高近 4 米。即使是在环境载荷预估准确的情况下，由于响应评估技术的失准导致的安全事故也时有发生。在拖航/就位工况下，平台遭遇强风暴时会导致结构受损、舱室进水致使其稳性不足最终倾覆沉没。在插/拔桩工况下，插桩时经常遇到上层土抗剪强度大于下层土的"鸡蛋壳"地层，当对地基承载力预估错误时，则发生平台"刺穿"；拔桩时，拔桩力全部是由平台浮力提供的，如果土壤阻力过大，则会造成桩靴无法上拔，平台无法移位。在站立工况下，尤其是自存工况下的平台极易由于土壤所提供的翻转抗力与水平抗力不足发生倾覆与滑移等现象，此外长时间遭受环境载荷的反复作用，使得平台结构件中所受的应力反复变化，最终引发关键位置的疲劳损坏问题。对于意外工况而言，意外碰撞占平台损伤事故的 22%，据 WOAD 数据库对相关碰撞事故的统计发现，1980 年至今，各类撞击或者近距离接触导致，继而引发整个平台不能继续正常工作的事故达到了 6 起，还有几例事故导致平台达到几乎倾覆的程度。

上述安全事故所引发的财产损失、人员伤亡与油气泄露给自升式平台的推广使用蒙上了阴影。因此，对自升式平台进行系统性的在役性能评估具有显著的现实意义。

1.2　自升式平台结构及在役工况

1.2.1　平台结构组成

本书以 Super M2 自升式海洋平台为参考对象,研究自升式平台的在役性能评估方法。从组成上来看，自升式平台由平台主体、直升机甲板、悬臂梁、钻井架、不同型号起重机(×3)、桩腿(×3)以及桩靴(×3)等构成，见图 1.2。其中，平台主体是一个单甲板箱形结构，其内部根据作业、布置和强度要求设有纵舱壁和横舱壁。甲板以下布置柴油发电机舱等动力舱、泥浆泵舱等钻井工程用舱室，还有燃油舱、淡水舱、压载水舱等液体舱。甲板上布置有钻台、井架、钻杆、隔水管堆场、起重机、生活舱室、升降装置室、直升机平台等。桁架式桩腿与圆形桩靴作用主要是在平台主体升起后支撑平台的全部重量，并把载荷传至海底，同时，还要经受住各种环境外力的作用。升降系统安装在桩腿和平台主体的交接处，可以使桩腿与平台主体作相对的上下运动，还可以将主体固定于桩腿的某一位置，此时升降装置主要承受垂直力，水平力则由固桩装置传递。

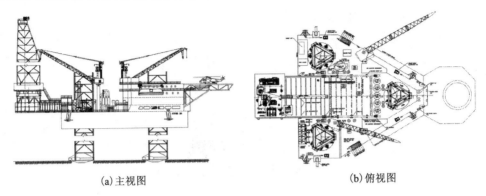

|(a)主视图|(b)俯视图|

图 1.2　自升式平台装配图

1.2.2　在役工况分析

　　自升式平台工况以操作时序进行划分：拖航，就位，插桩，预压，升起平台主体，作业，降下平台主体，拔桩，拖航，……，循环往复，直至服役期满。其具体流程如下，自升式平台拖航到井位后，桩腿要下放到一定位置，在各就位锚缆的辅助下，逐渐向生产平台靠近就位，然后进行插桩完成就位。在插桩完成后平台开始压载，压载是将桩腿下面地基的承载力预先压到暴风状态所要求的地基承载力，避免极限环境条件下桩腿出现不均匀下沉，造成平台倾斜或倾覆事故发生，压载一般靠压载水的重量实现。压载完成后将平台主体沿着桩腿升到离海面一定高度，以避开波浪对平台主体底部的冲击。接下来进行平台正常的钻井作业，钻完井后离开井位时，先将平台主体下降到水面，利用水的浮力对平台主体的支持把桩腿从海底拔出并升起，然后进行拖航移到新的井位开始下一次钻井作业。接下来对研究人员重点关注的 4 类工况进行简述，包括拖航/就位工况、插/拔桩工况、站立工况与意外工况。

　　1. 拖航/就位工况

　　拖航工况指平台作为被拖物由拖船拖带，由某一地理位置向另一地理位置转移时所处的状态或过程，见图 1.3。拖船将自升式平台拖至距离作业场区域 5 海里左右，平台减速准备降桩，然后将桩腿下放至一定位置后使用锚泊系统进行精就位，精就位所需时间一般较长，根据就位要求和现场情况，一般需要 2~6 天不等。在拖航工况，桩腿一般处于完全升起状态，且已采取了多种固定措施。在升降工况，已经拆除固桩块等固定装置，桩腿处于正在上升或下降的运动状态。就位过程中桩腿逐渐下降处于升降工况，由于桩腿的下降速度特别小，一般每小时的下降量仅十几米到几十米。

图 1.3   自升式平台拖航工况

2. 插/拔桩工况

自升式平台插桩过程就是平台由漂浮状态过渡到桩腿支撑状态的过程,拔桩过程与之相反。由定义可知,插/拔桩工况内平台始终与海底土壤之间有相互作用关系。平台在插桩时桩腿承受升降机构的下降力、桩腿土壤支反力和桩周摩擦力的作用。拔桩时桩腿承受升降机构的提升力、桩端黏结力以及桩周摩擦力的作用,若在淤泥中还有桩端淤泥的吸附力的作用。插拔桩作业一般在风速不大于四级,波高不大于1米的情况下进行,以避免平台产生过大的垂荡运动,使桩腿与海底间发生碰撞。

3. 站立工况

站立工况包括作业工况和自存工况两种。平台主体被桩腿支撑于海面之上时,平台主体上的甲板载荷和风力将通过桩腿传递到海底,此时桩腿将受到风力、潮流力、波浪力、平台的重力和地基反力的作用。在作业工况下,平台将伸出悬臂梁并借助钻井架与其他钻井工程配套设备进行钻井作业。在自存工况下,平台将停止作业,收回悬臂梁。如图1.4为自升式平台站立工况。

图 1.4   自升式平台站立工况

4. 意外工况

意外工况，包括平台漂浮工况下舱室破舱，或平台站立工况时与船舶发生碰撞，尤其是后者，本书中所提及的意外工况特指意外碰撞工况。从历史数据可以发现，海洋钻井平台与船舶碰撞事故频率在整体上呈下降趋势，尽管如此，所有海洋钻井平台的事故中此类事故仍然占据较大的比例。一般情况下引起海洋钻井平台与船舶发生碰撞的操作，其中平台物体移动与供给船停靠平台，这两种情况占据所有事故的 3/4。另外，引发海洋钻井平台发生重大损伤的碰撞事故中，有一起是船舶停靠平台所致，另一起是过路船舶导致的。由于平台物体转移引起的碰撞事故对海洋钻井平台不造成或造成较小的损坏。事故原因中船舶驾驶员的个人原因，如操作失误或判断失误占到了近一半，这些事故往往会导致平台的损伤。

1.3 自升式平台在役性能评估现状

1.3.1 自升式平台环境载荷

2012 年，美国船级社 ABS 与中国船级社 CCS 指出作业工况下环境参数推算方法可采用百年一遇风速与百年一遇波高进行组合作为环境参数，称为单因素法。其研究重点在于求出各环境变量对应的一维极值分布，具体被细分为极值分布选取及参数估计方法。一维极值分布的选取范围包括，以 P-III 型为代表的经验分布，与以广义极值分布(GEV)为代表的理论分布集，涵盖耿贝尔(Gumbel)分布(极值 I 型)，Frechet 分布(极值 II 型)，韦布尔(Weibull)分布(极值 III 型)，此外还有最大熵模型等其他分布模型。一般地，工程计算中常用的是耿贝尔分布、对数正态分布及二参数韦布尔分布。极值分布和参数估计方法往往会随着统计对象改变而呈现出不同的拟合表现，很难直接判断优劣性，因此在面对新海域单变量环境样本时，仍需要对极值分布和参数估计方法进行寻优。

2000 年，美国石油协会 API 指出自存工况环境参数计算可选用百年一遇波高及"相伴随"的风速，可以看出该法考虑了变量间的相关性。2011 年，DNV 规范又指出作业工况环境参数计算也应考虑联合概率分布，并指出重现期应该 100 年。同年，刘伟据此思想给出了基于众值与均值的条件概率分布设计法，该方法的研究重点则在二维极值分布的选取上。在面对新海域双变量环境样本时，需要对不同 Copula 分布之间，Copula 分布与传统极值分布之间进行二维极值分布优选，尤其是后者之间的对比仍鲜见报道，有必要进行数据积累。

目前对自升式平台风阻系数的研究较少，主要报道仍集中在各船级社规范中给出的定义与相应推荐值。此外，为了能够对风阻系数进行反算，也需要关注风载荷的计算方法,这方面的研究已经有了大量的数据积累。风载荷研究的重点放在了对最终载荷计算而非其风阻系数的研究上,这使得风载荷的丰富的研究成果并不能有效地辅助工程计算,造成应用最为广泛的规范计算仍使用推荐值,精度停滞不前,限制了结构设计人员对于环境载荷的计算精度。

拖曳水动力系数定义源于在波流载荷计算时常用的 Morison 公式。CCS 中对拖曳水动力系数给出了推荐值,对圆形构件,取 0.6～1.2,对于弦杆此类的非圆截面构件并未给出推荐值。此外,为了能够对拖曳水动力系数进行反算,也需要关注波流载荷的计算方法。除 DNV 规范外,对于桩腿弦杆为对象的拖曳水动力系数鲜见报道,因此有必要对该特定外形下的构件拖曳水动力系数进行研究,并给出不同粗糙度与入射角下拖曳水动力系数变化规律,并与 DNV 规范进行对比。

1.3.2　拖航/就位工况下平台稳性

对于一般海洋浮体的拖航稳性评估工作国外研究较早,Strandhangen 运用线性理论发现改变拖带点的位置和拖缆绳长度可以保持拖航系统的航向稳定性。Inoue 等也通过运用线性理论来研究多条被拖船拖航作业时航向稳定性保持的问题。他们通过整理分析得到在拖带作业时缆绳的弹性、缆绳的重量会影响系统的航向稳定性。Bernitsas 等对在弹性拖缆条件下被拖船的非线性稳定性进行了研究分析。Charters 等通过运用线性时不变经典拖航理论研究了浅水对四种典型的被拖船拖航航向稳定性产生的影响,并提出了拖航稳定性参数。国内来看,严似松和黄根余建立了静水中拖航系统的操纵性运动的数学模型,并分析了缆长、载重量、纵倾等参数对拖航系统直线运动的影响,之后又模拟了拖航系统在风浪中的操纵性运动,分析了拖航速度、拖缆长、纵倾、载重量、环境条件等因素对拖航系统的运动和拖缆力的影响,但忽略了水动力非线性部分,没有全面反映系统的操纵性能。

对于自升式平台的拖航稳性而言,潘斌计算了各类型自升式平台在不同拖航操作状态下的稳性,并根据计算结果分析研究了这些操作的利弊。段艳丽对自升式平台拖航状态进行了完整稳性的计算分析,并利用 ANSYS 软件的二次开发功能解决了锚泊悬链线的建模问题,以及对平台施加波浪载荷的难题,与此同时,其针对不同海况对桩腿升降过程的平台稳性进行了详细的分析探讨。何堃等进行了自升式平台就位过程桩腿触底分析,对就位降桩过程稳性分析涉及较少。徐志海详细阐述了自升式平台各操作工况中需要注意的关键技术,在移航工况时允许部分桩腿低于平台主体基线,不仅能减少起升的时间,还可减小拖航中桩腿的惯性载荷,且因受风面积减小而增加平台稳性。

对于浮体系泊定位稳性评估而言,王丹丹等利用数值模拟法,研究了锚泊浮体在风、浪、流联合作用下的运动响应规律及锚链线张力变化规律。采用了三维锚链线静力模型和浮体频域运动模型这两种数学模型。求解出锚泊浮体运动方程,从而得到了锚泊浮体的运动响应及锚链线的张力变化规律,提供了具有工程精度的锚泊性能预报。张凤伟运用 AQWA 软件建立了风机安装船的频域计算模型,对安装船的水动力性能进行了系统的分析;同时设计了该模型的系泊系统,对系泊系统和吊物系统在各海况下对船体运动的耦合影响进行了分析,并验证了系泊系统设计的合理性。

1.3.3 插/拔桩工况下桩土作用机制

目前,研究自升式平台插/拔桩机理主要有试验法、数值法和解析法。一般先采用试验验证数值模型的正确性,以此进行土壤几何和物理参数、桩靴尺寸及粗糙度等参数的灵敏度分析,对传统解析法给出的经验公式进行修正,进而指导自升式平台安装过程。

试验法主要分为现场测试、一倍重力加速度试验和土工离心试验。现场测试是指在平台实际工作过程中对插/拔桩性能、土壤受力变形特性进行研究,但由于实际海况非常复杂、土壤性能参数获取有限,对插桩理论研究作用不大。一倍重力加速度试验的土壤自重覆盖应力水平比真实情况的应力水平低 1～2 个数量级,该试验无法精确描述实际土壤的自重应力状态,进而无法精确评估土壤流动机制。而土工离心试验可以方便重现随着深度变化的土壤覆盖应力,对揭示土壤变形机制、坍塌失效、验证数值模型具有特殊价值。但是土工离心试验无法建立复杂形貌的土壤,如有机物的土颗粒、二次压缩。

数值仿真在插/拔桩分析中的应用近年来越来越受到更多学者关注,与土工试验及解析法相比,数值法可以提供更为详细、精确的结果,获得验证的数值模型可以放心地用于研究新的、更加复杂的现场环境。数值法主要分为:小应变分析法(SSFE)、大位移有限元法(LDFE)、欧拉-拉格朗日耦合法(CEL)三类。SSFE 又叫"预埋法",即在建模时就把桩靴放到关心的插桩位置,并假定桩靴周围土壤应力状态,分析该处的插桩阻力、土壤变形等问题,但是该方法无法反映土壤连续变形过程;与 SSFE 相比,LDFE 结合网格自适应技术(ALE、RITSS),考虑几何、边界和材料非线性特性,可以有效分析插桩过程中表面隆起、局部回流、壁面坍塌等土壤流动失效现象。而对于层状分布土壤(如可能存在刺穿事故的硬土-软土地质)的插桩问题,SSFE 无法精确分析,LDFE 则能够有效分析土层形状变化及土壤流动失效模式。上述两种方法的求解结果严重依赖网格和求解参数,而且对求解结果的解释需要丰富的工程经验。对于桩靴贯入/拔出问题,CEL 法非常适合解决经典有限元法所不能分析的大变形土工问题。

1.3.4 站立工况下桩腿动静响应

Bent 等采用均值为零的高斯随机过程方向波浪谱对不同作业水深的导管架平台

结构进行了动态特性分析，用模态叠加法在频域内进行谱分析。Hsien 等对平台在风浪流环境载荷联合作用下的结构进行了动态特性分析，选取五阶 Stokes 波浪理论和 Morison 方程模拟波浪载荷对平台上构件的作用，运用非线性 Newmark 法得到在波浪载荷作用下减少平台结构系统振动的方法。Harem 等分析了在非高斯海况中深海导管架平台的频域响应，对比了在高斯和非高斯分布波浪载荷作用下的概率响应，此外还分析了荷载二阶项对平台甲板响应的影响。通过 Morison 方程的广义形式和运动转换，在海洋平台的分析中引入波浪—结构的相互作用。Silva 等建立了自升式平台的三维模型，使用 AR-ARX 模型基准结构诊断桩腿的损伤，并考虑修正Pierson-Moskowitz 波浪谱，编辑程序后加载波浪载荷，针对波浪载荷方向不变的情况对平台进行了随机响应分析。Bienen 等以神经网络的方法建立了平台结构的初始状态和运动方程，相对速度的均方根的迭代解析作为求解程序的一部分。运用最小二乘法线性化了黏滞拖曳力项之和，避免导致散射阻尼项和非线性阻尼项，对环境载荷联合作用的平台结构进行了动力特性分析。

　　国内也在自升式平台桩腿动静强度分析方面进行了大量研究工作，作出了巨大贡献。李红明等以自升式平台桩腿为研究对象，对其碰撞条件下是否有 CFRP 加固的情况分别进行了受力性能分析。谢娜娜等介绍了采用 ANSYS、Workbench 进行自升式平台桩腿静力、模态、波流耦合等分析的理论及过程，通过计算分析验证了有限元方法的可靠性，研究结果对改善桩腿质量具有重要意义。任宪刚等以自升式平台桩腿为研究对象，对桩腿在风暴和作业状态下的应力和位移进行分析。郝林等采用有限元分析软件对自升式平台自振动频率进行计算，经过仿真计算与现场实测结果进行对比，分析了桩腿与平台主体连接的可靠性。李红涛介绍了自升式移动平台动力响应模型建模的关键技术，并详细论述了动力响应求解的 3 种方法，单自由度方法、频域分析方法和时域分析方法，并以某桁架式桩腿自升式平台为例，计算了运动惯性力及动力放大系数，并对 3 种方法的分析计算结果进行了比较。

1.3.5　站立工况下桩腿疲劳寿命

　　对于 S-N 曲线疲劳寿命预测方法而言，Wirsching 研究了自升式平台连接部位的焊接点疲劳可靠性问题，探讨了疲劳理论等一些较为成熟的理论，基于此最终推导出了疲劳分析方法的概率模型。并在此基础上研究了海洋结构的疲劳可靠性，提出了一个封闭表达式，该表达式能够评价疲劳失效概率。李明等根据 Airy 波理论，利用 ANSYS 软件对自升式平台所受的风、浪、流载荷进行施加计算，从而得到自升式平台结构的应力，再结合管节点的热点应力公式对所得的结果进行二次处理，便可得到实际的疲劳应力，最后基于 S-N 曲线及线性累积理论便可得出自升式平台构件的疲劳损伤。刘刚等对半潜式钻井海洋平台进行疲劳寿命分析，并在此基础上建立了子模型即管节点局部有限元模型，进行疲劳寿命分析。然后通过应用规范中提及的热点应力法计算管节点危险处的应力幅值，并结合 DNV 规范中 S-N 曲线和 Miner 线性累积损伤理论，最终完成了对管节点结构的疲劳分析。Gupta 和 Singh 等详细研究了海洋平台导管架平台结构的疲劳特性，通过运用应力集中系数公式和 S-N 曲线来对结构管节点进行疲劳损伤分析，同时也探究了各个因素对于结构疲劳损伤的影响情况。谢文会等考虑深水半潜式钻井平台各种危险工况，通过有限元模拟了平台结构的应力分布云图。然后通过谱分析方法与 Miner 线性疲劳累积损伤准则，计算了平台危险点的疲劳损伤，得出了简化疲劳分析的方法。

此外，利用裂纹扩展的疲劳分析方法对海洋平台结构进行疲劳寿命分析和安全特性评估，国内外研究的相关论文也比较多。其中，Almar-Nass 主要针对海洋平台金属结构的疲劳强度进行了分析。主要从环境载荷、管节点的疲劳特性、初始缺陷、管节点疲劳强度的提升、防腐蚀、裂纹扩展理论、断裂机理、疲劳损伤分析、疲劳分析标准等多个方面进行了试验与理论分析。Ramsarnooj 等主要研究断裂力学在海上工程结构件的疲劳强度与可靠性等方面的应用，且推导出了基于断裂力学的疲劳寿命设计的新方法，研究了在幅值不变的载荷情况下裂纹扩展模型，并运用此方法对具体对象进行疲劳强度和可靠性分析。胡毓仁和陈伯真等采用裂纹扩展的方法来对管节点的裂纹进行分析，采用一阶可靠性方法和相关分布理论模型分析了海洋平台关键点的疲劳可靠性，探究了如疲劳强度的概率模型、受力的概率模型、寿命的可靠性预测等方面的理论。张剑波等利用有限元软件计算了半潜式钻井船关键节点的疲劳损伤，并对几个典型节点进行了可靠性分析和裂纹扩展分析，提出了以应力幅值、裂纹尖端的边界条件，以及发生塑性变形区域的尺寸为主要参数的计算模型，研究了载荷相互作用下疲劳裂纹展寿命。崔维成等研究了焊缝的裂纹几何参数对焊接结构件疲劳寿命的影响，并分析了焊缝在打磨的情况可以改善其使用寿命。运用裂纹扩展率单一曲线模型,研究了在恶劣的海洋环境下海洋钢结构的疲劳寿命问题。

1.3.6　意外工况下平台碰撞特性

海洋结构物碰撞是一个非常复杂的问题，这一过程中涉及跨学科、跨领域的问题。碰撞的发生往往是在很短时间内(一般不超过 2 秒)完成的，由于瞬时间受到很大的冲击作用，碰撞系统呈现出非常复杂的瞬态非线性动态响应过程。而且这一过程中存在着大量的非线性问题，包括几何非线性、材料非线性、运动非线性和接触非线性等。而且海洋结构物的碰撞跟陆上的结构碰撞是有明显差别的，它所处的环境更加复杂，涉及流体的作用，因此，这是一种典型的流固耦合问题。

海洋结构物碰撞问题的研究最早可追溯到 20 世纪 50 年代,Minorsky 在《Journal of Ship Research》中首次讨论了有关这一问题的论文，这标志着世界范围内研究学者在海洋结构物与船舶发生碰撞问题研究方面的一个开端。20 世纪 90 年代以来，随着国内对资源需求的不断增加，国内的海洋平台研究建造技术的提高，我国的海洋钻井平台数量在快速增长，这也吸引了国内的一些相关研究学者转向海洋钻井平台与船舶碰撞方面的研究，并且到目前为止也取得了一些进展。

船舶与海洋钻井平台碰撞属于船船碰撞问题的一部分，属于碰撞力学分析范畴，而船船碰撞问题的研究已有 50 多年历史，相对来说已经较为成熟。船船碰撞力学机理一般被分为外部机理和内部机理。外部机理是分析碰撞船和钻井平台发生碰撞时运动相关特性；而内部动力学机理是分析局部碰撞构件破坏变形与撞击力之间复杂的非线性关系。

研究船舶碰撞力学机理的方法主要包括经验公式法、试验法、简化的解析法和有限元法。经验公式法是研究此领域最早的研究方法，由于碰撞具有偶然性，工况较为复杂，使得经验公式法的研究与工程实际应用仍有较大的距离。试验法虽然可以得到可靠的数据，但代价太大，不易实施。简化的解析法基于一系列假设的基础之上的。而且因为碰撞中撞击区域结构件在受强烈的撞击载荷作用后，会引起较大的塑性变形，结构件内部肯定会存在显著的接触作用，但基本上所有的简化解析方法都把这种相互接触作用效果给忽略了，而假定各个结构件都不受其他因素影响地贡献自身抗撞强度，这种假设和实际碰撞发生的情景是不符合的，是简化解析方法目前无法解决的缺点。

有限元法是目前研究此类复杂瞬态非线性动力学问题的最有效的研究手段。考虑到船舶与海洋平台发生碰撞的场景是在海洋中，其中海水的作用不可忽视，所以这是一个典型的流固耦合问题。海洋平台的结构是非常复杂的，想要在有限元方法中把完整的模型建出来是极其困难的工作，所以有限元法中对海洋平台做了一定的简化。在使用有限元数值解析法分析碰撞船与钻井平台碰撞的问题中，逐渐形成的三种建模方法为：等效平台主体梁法、附加水质量法和流固耦合法。等效平台主体梁法是将碰撞系统中没有发生损伤变形的部分结构质量分离出来，再以等效平台主体梁的形式放到有限元模型上，这种方法很大程度上缩短了有限元建模的时间，也在一定程度上提高了计算机仿真运算的速率。尽管有一些优点，可是此方法的缺点也是明显的，如所应用的约束条件和真实情况是有区别的，这样就导致了碰撞过程中应力传递上的差别，从而影响了碰撞船与平台之间所进行的动能转化过程。附加水质量法是将碰撞过程中流体的作用效果以附加水质量的方法考虑到系统中来的一种建模方法，这样方法可以回避流固耦合的复杂建模运算过程，缩短了模型所需要的运算时间，而且仍然可以获得较为精确的分析结果，是目前应用较多的建模方法。流固耦合法虽然是解决船舶与海洋平台碰撞的理想方法，但是由于计算机水平的限制，目前利用流固耦合法进行计算还非常困难。

1.4 自升式平台在役性能评估框架设计

在役平台评估框架的评估内容分为两种，包括输入准确性评估与输出安全性评估，其中输出安全性评估工作更多的是在规范给出的环境载荷等设计条件下进行，但输入准确性评估在面对具体作业地点与载荷预报高精度要求时则显得不可或缺。输入准确性评估即是环境载荷的准确性评估，输出安全性评估包括拖航/就位工况下平台稳性评估、插/拔桩工况下桩土作用机制评估、站立工况下平台动静响应评估、站立工况下桩腿管节点疲劳寿命评估、意外工况下平台碰撞响应评估。如图 1.5 所示为平台在役性能评估框架。

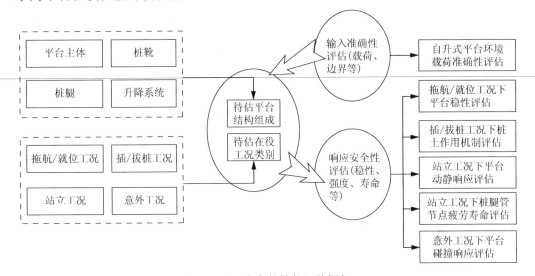

图 1.5 平台在役性能评估框架

综合来看，平台在役性能评估框架可划分为如下六部分评估内容。

(1)环境载荷的准确性评估是各工况响应评估的基础性研究内容。环境载荷的评估分为两个方面的内容，一是在新的作业环境中环境参数需要得到及时的更新，二是环境载荷工程计算方法中流体动力系数参数的准确性同样有待于进一步提高。

(2)拖航/就位工况下平台稳性的研究对提高平台的可靠性，改善平台工作人员的舒适感，有效地减轻飓风、巨浪等灾害造成的严重后果具有重要的现实意义。自升式平台就位过程中对锚泊系统要求比较高，拖航就位后需要锚泊系统保持平台稳定，然后精就位时需要依靠锚泊系统逐渐向生产平台靠近，实现平台的短距离调整与精确就位，同时增强平台的稳定性和耐波性，此时要求锚泊系统具有可操作性和稳定性，并需要寻求最优的系泊缆长度及其控制策略，以实现平台的最佳定位策略。

（3）插/拔桩工况下桩土作用机制评估包括插桩阻力、拔桩阻力和土壤流动特征等。尤其是对插桩过程中"鸡蛋"层土壤承载力的研究对于预防平台刺穿具有直接参考价值。另外对于拔桩阻力的研究又能够对平台插桩深度给出合理化建议。

（4）站立工况下平台动静响应评估包括坐底稳性和桩腿结构强度评估等。其中，平台的坐底稳性具体内容与桩靴支反力相关，而结构强度则包括桩腿强度等。这些数据能够较为完整地呈现出平台在站立工况下的受力与应力分布特征。同时这方面内容也是对平台疲劳寿命进行研究的基础。

（5）站立工况下平台桩腿管节点疲劳寿命评估是在时间尺度上对平台安全性进行评估。自升式平台在作业过程中，其桩腿长期受到环境载荷的持续作用，使得其结构中产生大小交变的应力，很容易引起疲劳损伤，最终可能导致整个平台的塌陷。应该根据评估结果适时对关键疲劳损伤点进行强化修复或者进行关键结构件报废处理。

（6）意外工况下平台碰撞响应评估主要是碰撞对平台所产生的碰撞力、碰撞位移和能量转化等问题的分析与安全性评估。研究成果将对碰撞后平台着重修复位置给出指导。

1.5　本书主要内容

本书主要介绍自升式平台环境载荷推算、拖航/就位工况下平台稳性研究、插/拔桩工况下桩土作用机制、站立工况下平台静态/动态响应特性、站立工况下平台桩腿管节点疲劳寿命评估、意外工况下平台/船舶碰撞特性等关键评估方法。主要内容如下。

（1）给出环境载荷经典计算方法的同时，以南海北部湾作业处自升式平台风浪载荷为研究对象，对环境参数进行更新，并给出平台风阻系数与弦杆拖曳水动力系数等流体动力参数定义与推荐值，最终得到的环境参数与流体动力参数共同决定平台评价过程中的风浪载荷。

（2）以自升式钻井平台及其拖航、锚泊系统为研究对象，运用水动力软件ANSYS/AQWA对目标平台拖航和就位工况进行时域耦合分析，并联合多学科优化软件 Isight 对锚泊系统进行优化研究，寻求平台最佳的定位控制策略。

（3）通过建立自升式平台插/拔桩 CEL 数值模型，运用有限元软件Abaqus/Explicit 对模型进行准静态分析，在此基础上结合理论计算方法开发自升式平台插/拔桩分析系统，最后基于该系统对自升式风电安装平台进行数值建模并进行仿真分析。

（4）以自升式钻井平台桩腿为研究对象，综合考虑风浪流等环境载荷、桩靴与土壤之间的相互作用及静水压力和波浪动压力所引起的浮力效应的影响，建立站立状态下自升式平台多物理场耦合分析模型，运用有限元方法对自升式平台桩腿的动静强度进行分析研究，最后分析由环境参数与流体动力参数修正所引发的危险风向角下平台位移响应差异性。

(5)针对平台桩腿薄弱处即管节点位置，分析该管节点在轴力作用下的沿焊缝周围的应力分布规律及其各几何参数对应力的敏感性；基于 S-N 曲线和疲劳累积损伤理论和裂纹扩展理论对平台桩腿关键点进行平台的疲劳寿命分析并对其结果进行分析对比。

(6)利用非线性显式分析软件 ANSYS/LS－DYNA 建立了有限元模型，对自升式钻井平台受补给船碰撞的两种典型工况进行分析，并深入研究影响碰撞过程的两个重要参数对碰撞过程的影响规律。

第2章 自升式平台环境载荷推算

本章首先给出自升式平台各工况环境载荷的规范计算方法,包括风载荷、波浪载荷与海流载荷等,接着以南海北部湾处作业的自升式平台为例,考察实地环境载荷的准确性评估过程,包括基于一维极值分布与二维极值分布的环境参数推算、平台风阻系数计算、弦杆拖曳水动力系数计算等。

2.1 环境载荷计算

在自升式平台设计之初,设计人员就已经对平台各工况的操作环境进行了规定,明确给出了环境参数安全区域,为了体现评估一般性,一般取规定环境参数作业评估分析的输入参数,同时取规范推荐计算的工程近似计算方法进行下一步环境载荷计算。

2.1.1 环境参数设定

对自升式平台各工况限定的环境参数进行分析,可以发现需要自存工况海洋环境最为恶劣,其次为作业工况,拖航工况与就位工况海洋环境恶劣程度有限,其他工况如插/拔桩工况与意外工况的海洋环境最为温和。各工况环境参数见表2.1。

表 2.1　各工况环境参数

环境参数	拖航/就位工况		站立工况		其他工况
	拖航工况	就位工况	作业工况	自存工况	
最大工作水深/m	/	/	91.44	91.44	环境温和
最大波高/m	2.5	1 (JONSWAP)	10.67	14.94	
波浪周期/s	10	10	13.5	13.5	
最大风速/(m/s)	20	10 (NPD)	36	51.44	
最大流速/(m/s)	0.51	0.51	1.03	1.03	
最大入泥深度/m	/	/	4.57	4.57	

2.1.2 海风载荷计算

风是自然界表现能量的一种方式,风速越大,则其作用越强。对海洋中的工程结构物如自升式平台来说,直接位于风载荷作用之下会发生较大变形和大幅度振动,甚至失稳断裂而遭受破坏。此外,强大的飓风过程及其引起的巨大波浪往往是采油钻井平台损毁的最主要原因之一。因此，风载荷是自升式平台设计过程中的主控载荷之一，对平台受风构件进行抗风设计是平台安全的重要保障。

采用 ABS 规范计算风力时，风压 P 按式(2.1)计算：

$$P = f \times 10^{-3} V^2 \tag{2.1}$$

式中，V 为设计风速，m/s；f 为风压系数。

设承受风压的海上结构物的投影面积为 S，则作用在构件上的风力 F 应按照式(2.2)计算：

$$F = C_h \cdot C_s \cdot S \cdot P \tag{2.2}$$

式中，F 为风载荷，N；C_h 为海上风压高度系数，按表 2.2 选取；C_s 为风载荷形状系数，按表 2.3 选取；S 为平台在悬浮或者倾斜时，结构物的正投影面积，m^2；P 为风压，Pa。

表 2.2　高度系数 C_h

静水面高度 h/m	高度系数 C_h	静水面高度 h/m	高度系数 C_h
0～15.3	1.00	138.0～152.5	1.60
15.3～30.5	1.10	152.5～166.5	1.63
30.5～46.0	1.20	166.5～183.0	1.67
46.0～61.0	1.30	183.0～200.0	1.70
61.0～76.0	1.37	200.0～215.5	1.72
76.0～91.5	1.43	215.5～228.5	1.75
91.5～106.5	1.48	228.5～245.0	1.77
106.5～122.0	1.52	245.0～258.0	1.79
122.0～138.0	1.56	258 以上	1.80

表 2.3　形状系数 C_s

构件形状	C_s
球形	0.4
圆柱形	0.5
大的平面(船体、甲板室、光滑的甲板下表面)	1.0
甲板室群或类似结构	1.1
钢索	1.2
井架	1.25
甲板下暴露的梁和桁材	1.3
独立的结构(起重机、梁等)	1.5

2.1.3　波浪载荷计算

海水在风的作用下还会产生海浪和海流，在海洋结构物设计中，从结构强度、使用年限、建造成本等出发，必须需要考虑所处海域出现海浪的最大可能极值、研究海浪的方向特征、出现频率、季节特点等。海浪是造成浮式结构破坏的又一主控载荷，准确计算自升式平台的波浪载荷对结构安全性意义重大。

1. 波浪理论选取

针对海洋工程结构物的计算，常用波浪理论有：Airy 线性波理论、Stokes 波理论、椭圆余弦波理论和孤立波理论。不同的波浪理论适用于不同的海洋环境，如图 2.1 所示，必须按照工作海域的实际条件正确选取波浪理论进行计算。

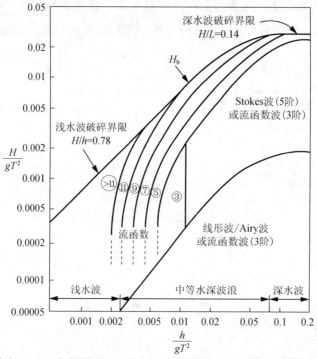

h：平均水深；T：波浪周期；H：波高；g：重力加速度；H_b：破碎波高；L：波长

图 2.1　波浪理论的适用范围

其工作海域取水深 $h = 91.44\,\text{m}$，波浪周期 $T = 13.5\,\text{s}$，最大波浪高度 $H = 14.94\,\text{m}$。计算得

$$H / gT^2 = 14.94 / \left(9.81 \times 13.5^2\right) = 0.0084$$

$$h / gT^2 = 91.44 / \left(9.81 \times 13.5^2\right) = 0.051$$

查图 2.1 所示曲线后，选择 Stokes 五阶波理论计算波浪载荷，Stokes 五阶波的速度势 ϕ 为

$$\phi = \frac{L}{kT} \sum_{n=1}^{5} \phi'_n \cosh(nks) \sin(n\theta) \tag{2.3}$$

式中，L 为波长；k 为波数；T 为波浪周期；ϕ_n 为速度势系数；n 为波形系数；s 为自由面到海底的距离；θ 为相位角。

2. 波浪载荷计算

Morison 方程假设主体结构不影响波浪的运动，即波浪速度及加速度仍按原来的波浪尺度和波浪理论来计算。这一假设适用于小直径桩柱，所产生的波浪力由惯性力和拖曳力组成。

Morison 公式的形式为

$$F = F_D + F_I \tag{2.4}$$

式中，F 为小尺度构件垂直于其轴线方向单位长度上的波浪力；F_D 为拖曳力，kN/m；F_I 为惯性力，kN/m；

$$F_D = 1/2 \rho_W C_D A |u - \dot{x}|(u - \dot{x}) \tag{2.5}$$

$$F_I = \rho_W C_A V(\dot{u} - \ddot{x}) + \rho_W V \dot{u} = \rho_W V(C_M \dot{u} - C_A \ddot{x}) \tag{2.6}$$

式中，A 为单位长度构件在垂直于矢量（$u - \dot{x}$）方向上的投影面积，m²；ρ_W 为海水密度，kNs²/m⁴；u 为水质点沿着构件径向速度分量，当海流与波浪共同作用时，u 为波浪水质点速度和海流速度沿着构件径向矢量之和，m/s；$\dot{u}$ 为水质点沿着构件径向的加速度矢量，m/s²；V 为单位长度构件的体积，m³；$\dot{x}$ 为构件径向速度分量，m/s；$\ddot{x}$ 为构件径向加速度分量，m/s²；C_D 为曳力系数；C_A 为附连质量系数；C_M 为惯性力系数，$C_M = C_A + 1$；C_D 和 C_M 为经验系数，其值不仅与雷诺数 Re 和构件表面相对粗糙度有关，还与库尔根-卡培数 K_C 有关。

对于圆形构件，可以取 $C_D = 0.6 \sim 1.2$，$C_M = 1.3 \sim 2.0$，但应当注意的是，取用的系数值都不能小于上述范围的下限值。对于非圆截面的构件，其 C_D 和 C_M 可按国际上通用的船级社规范选取。如有必要，C_D 和 C_M 还需要通过试验来确定。

2.1.4　海流载荷计算

海流是海水以相对稳定的速度在水平方向或垂直方向连续的周期或非周期性的大范围流动，具有相对稳定的速度、流向和路径。海流与风、浪等环境参数同时直接作用在自升式平台上，因此，海流同样也是自升式平台结构设计中必须考虑主控环境参数之一。

海流的计算公式如下：

$$F = \frac{1}{2} \rho C_D V^2 A \tag{2.7}$$

式中，F 为海流力，kN；C_D 为拖曳水动力系数，这里取 1；ρ 为海水密度，kg / m³；V 为设计流速，m/s，这里取 1.5；A 为构件在与流向垂直的平面上的投影面积，m²。

2.2　基于一维极值分布的环境参数推算

本节将首先给出南海北部湾环境要素资料获取与样本构造方法，其次给出一维极值分布优选流程，重点关注二参数极值分布类型与各类经典的参数拟合方法，最后求出该海域单因素法对应环境参数。

2.2.1　环境资料获取与样本构造

1. 环境变量简述

环境变量是指与自升式平台作业地点周围海域相关的环境载荷控制因素。它与自升式平台结构的规模、外形无关，仅与该处的大气流动、洋流运动及大气-洋流耦合运动相关。自升式平台环境变量主要包括风速、波高、波周期、流速、潮汐量和海深等。首先，风速与有义波高对风载荷和波流载荷的计算最为关键，因此以这两类变量作为统计对象；其次，考虑到自升式平台的工作模式是站立在海底，这区别于半潜式平台和钻井船之类的浮式海洋工程装备，其特定的工作水深为浅海、近海，约在 200m 深度以内，因此同时分析该海域海深数据。

依据时间的长短，环境变量的呈现形式包括短期变量与长期变量。以波浪为例，在 6 小时内，可假定波浪为随机平稳过程，提取出波列，这类数据是短期的，此时可以进行波高、波周期等参数的短期分布及谱分析研究。而长期变量则是对该波列进行统计特征提取后得到的变量，如有义波高、最大波高和平均周期等。若经过一系列时间间隔为 6 小时的波列采样，每天得到 4 组长期变量，一年得到 1460 组数据。多年的采样之后，就可以针对长期变量进行长期分布的研究。

2. 长期变量获取

获取环境参数的方式包括观测资料与再分析资料两类。①海洋观测资料：利用工作在海上的海洋平台、浮标与船舶等进行实时实地测量，或者利用飞行器进行空中遥测，如卫星、飞机等。②再分析资料：将历史上的风浪资料输入实时广域的气象数学模型，通过数学模型解算或预测出特定时间或地点的环境变量。

欧洲中期天气预报中心(ECMWF)使用预报模型和数据同化模型对观测数据进行"再分析(reanalysis)"，形成一系列关于大气、地表和海洋的全球性数据库。最新的 ERA-Interim 数据库相较于原始的 ERA-40 数据库更加全面、准确和实时。数据库免费提供的海洋环境资料种类如下。①大气模型：风速经度分量与纬度分量等

(10m 标高，10min 时距)。②波浪模型：风浪与涌浪合成有义波高，平均波周期与平均波向等。其中，其采样时间为每天 4 次，经纬度坐标分辨率 0.125° × 0.125°，时间跨度为 1979 年一直至今。

另外，美国海洋大气局(NOAA)中的 GOADS 数据库在提供一般风浪环境要素的同时，还提供流速经度分量、流速纬度分量和潮汐量等环境要素。其统计手段为月平均，经纬度坐标分辨率为 0.125° × 0.125°。英国海洋地理数据中心(BODC)的资料库提供了分辨率为 1′ × 1′ 的全球海深资料。以上所有气象资料均为 NetCDF 格式。

3. 随机样本构造

使用 MATLAB 编写相应的 M 文件进行随机样本构造，步骤如下：①使用 ncread 命令对 nc 文件进行数据读取与年份划分；②使用 max 命令找到年极值风速(有义波高)；③使用 find 命令找出年极值对应的时间，再读取出对应时间点的伴随有义波高(风速)；④构造出两个样本 A(年极值风速序列 A-1、伴随有义波高序列 A-2)和样本 B(年极值有义波高序列 B-1、伴随风速序列 B-2)。尽管单因素法并不需要 A-2 序列与 B-2 序列，但 2.2 节中基于二维极值分布的环境参数研究需要伴随要素的最佳一维极值分布。

4. 工程应用

首先查询英国海洋地理数据中心(BODC)得到南海海深图(图 2.2)，南海北部湾崖城 13-1 号油气田海深为 90m，满足自升式平台工作水深要求。

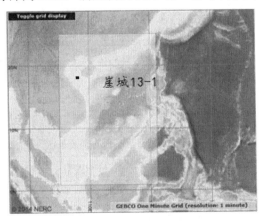

图 2.2　南海海深图

构造出 2 组样本如表 2.4 所示。其中，样本 A：1979～2013 年的年最大风速及其相应有义波高；样本 B：1979～2013 年的年最大有义波高及其相应风速。可知，资料合计 35 个年份，年极值风速 A-1 介于 12.8034～21.5437m/s；伴随有义波高 A-2 介于 1.9528～5.0610m；年极值有义波高 B-1 介于 2.7894～5.0610m；伴随风速 B-2 介于 8.4023～20.1405m。同时，风速处于年极值时，对应有义波高并非年极值有义波高，反之亦然。

表 2.4 样本数据

年份	样本 A		样本 B		年份	样本 A		样本 B	
	A-1 /(m/s)	A-2 /m	B-1 /m	B-2 /(m/s)		A-1 /(m/s)	A-2 /m	B-1 /m	B-2 /(m/s)
1979	14.7152	3.0281	3.6930	12.3690	1997	16.3775	3.1008	3.1008	16.3775
1980	13.9123	2.8074	3.0642	13.3491	1998	16.5578	3.6056	3.8090	14.1648
1981	14.9632	2.7658	3.9617	14.0897	1999	14.7297	3.4444	3.6610	13.2454
1982	14.1549	2.3759	2.9386	11.0296	2000	14.4285	2.3695	3.1989	11.7518
1983	14.0599	2.8175	2.9158	11.1847	2001	13.7245	1.9528	4.4503	12.9025
1984	13.7935	2.3130	2.7894	12.3424	2002	12.8034	2.2836	3.0881	10.0715
1985	20.1405	5.0610	5.0610	20.1405	2003	16.4331	3.5378	3.5378	16.4331
1986	17.5718	3.1068	3.1068	17.5718	2004	15.0823	2.6814	3.0874	11.6894
1987	15.7427	3.5149	3.5790	14.6554	2005	17.2281	3.3749	3.9082	16.0401
1988	15.7813	3.7276	4.2753	14.7022	2006	18.4457	3.7801	3.7801	18.4457
1989	15.4831	2.9287	3.0204	9.7357	2007	15.1083	2.5963	3.8827	10.3334
1990	18.9316	3.7624	4.0517	15.6118	2008	13.0318	2.8958	3.1768	12.0601
1991	14.3118	2.5112	3.0900	12.3452	2009	21.3010	4.7719	4.9886	19.3907
1992	20.6419	4.8132	4.8741	19.7467	2010	14.6797	2.2532	3.8475	12.4735
1993	13.4803	2.3103	3.9112	12.9145	2011	16.6325	3.1115	3.2975	15.6768
1994	15.3074	2.8505	3.1344	12.7029	2012	16.2658	2.8044	3.9030	8.4023
1995	15.0198	3.3443	3.5621	12.9279	2013	21.5437	4.3666	4.5087	10.9584
1996	15.8821	3.5312	3.5763	14.5353					

2.2.2 一维极值分布优选理论

下面给出一维极值分布的优选流程(图 2.3)。

(1)假设一维极值分布，包括一维耿贝尔分布、一维对数正态分布和一维韦布尔分布等，注意此时分布中含有未知参数；

(2)利用数据序列估计未知参数，经典估计方法包括矩法、最小二乘法、概率权重矩法、极大似然估计法等，当使用最小二乘法和概率权重矩法进行参数估计时，需要计入定位频率；

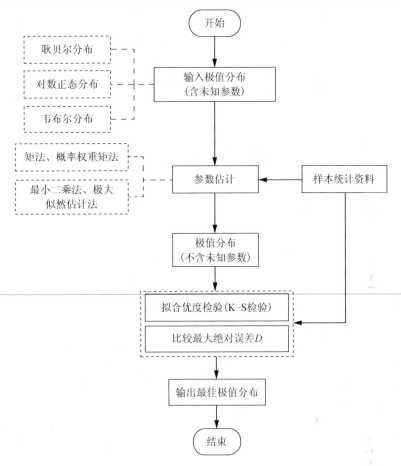

图 2.3　一维极值分布优选流程

定位频率：设某水文要素的实测系列样本共 N 项，从大到小顺序排列为 $x_1, x_2, \cdots, x_i, \cdots, x_n$，对应各点定位公式为

$$C_i = 1 - P_i = 1 - \frac{i - A}{N + B} \tag{2.8}$$

式中，C_i 为定位频率，P_i 为经验保证频率，A、B 为无偏估计参数，其值因理论分布的不同而异（具体参见表 2.5）。

表 2.5　定位频率公式中的无偏估计参数

分布类型	参数 A	参数 B	备注
耿贝尔分布	0.44	0.12	c 为分布的形状参数，直接由 wblfit 函数求出
对数正态分布	0.375	0.25	
韦布尔分布	$0.20 + 0.27/\sqrt{c}$	$0.20 + 0.23/\sqrt{c}$	

(3)以定位公式为参照，对各极值分布(不含未知参数)进行拟合优度检验(K-S检验)，具体检验可借助 MATLAB 中 kstest 命令进行运算；

(4)比较通过假设检验的各一维极值分布理论频率值 c_i 与定位公式 C_i 之间的均方根误差(RMSE)最小的分布即可选为该序列最佳一维分布。

$$Re = \sqrt{\sum_{i-1}^{N} \frac{(c_i - C_i)^2}{N}} \tag{2.9}$$

式中，c_i 为第 i 个样本点对应的理论频率值；C_i 为第 i 个样本点对应的定位频率值；N 为样本点总数。

2.2.3 一维极值分布优选工程应用

表 2.6 为 4 个单变量序列的一维极值分布拟合结果。考虑到在利用概率权重矩法对韦布尔分布进行参数估计时出现负形状系数，此估计方法缺乏参考价值，因此在表 2.6 未列出。

可以发现，参数估计方法具有分布依赖性，对于不同的分布，需要使用多种参数估计方法进行试算，才能确定最佳参数估计方法。通过对 4 个不同数据序列进行比较发现，参数估计方法在整体上对数据的敏感性不大，仅矩法面对不同数据序列的参数波动性较大，其针对有义波高的拟合质量要明显高于针对风速的拟合质量，但整体拟合优度仍不高。对于耿贝尔分布而言，最小二乘法相比于其他参数估计方法更具稳定性和准确性，该方法面对 4 种数据序列都获得了较好的拟合优度。对于对数正态分布而言，矩法拟合精度最高，略优于极大似然估计法和概率权重矩法，因此在缺少最小二乘法时，可使用矩法进行估算。对于二参数韦布尔分布而言，极大似然估计法略优于矩法和最小二乘法。

当各极值分布的参数估计达到最佳后，需要对分布本身的拟合优度进行比较，耿贝尔分布的拟合优度最高，略优于对数正态分布，二参数韦布尔分布的拟合优度略差，但均通过了 K-S 拟合优度检验。

表 2.6　一维分布拟合结果

单变量	分布类型	参数估计方法	参数 1	参数 2	K-S 检验	Re	D
年最大风速(A-1)	Gumbel	矩法	0.2437	13.5821	不通过	0.1528	0.2859
		最小二乘法	0.5313	14.8877	通过	0.0377	0.0831
		概率权重矩法	0.5724	14.9422	通过	0.0346	0.0724
		极大似然估计	0.6128	14.9500	通过	0.0321	0.0680
	Log-normal	矩法	2.7602	0.1362	通过	0.0591	0.1088
		概率权重矩法	2.7602	0.1301	通过	0.0595	0.1067
		极大似然估计	2.7602	0.1343	通过	0.0591	0.1068

续表

单变量	分布类型	参数估计方法	参数 1	参数 2	K-S 检验	Re	D
年最大风速(A-1)	Weibull	矩法	16.9156	8.2148	通过	0.0980	0.1723
		最小二乘法	16.9485	8.1251	通过	0.1000	0.1775
		极大似然估计	16.9790	6.7343	通过	0.0924	0.1724
伴随有义波高 (A-2)	Gumbel	矩法	2.2136	2.8964	通过	0.0668	0.1446
		最小二乘法	1.6102	2.8065	通过	0.0275	0.0584
		概率权重矩法	1.6892	2.8155	通过	0.0285	0.0645
		极大似然估计	1.7026	2.8136	通过	0.0288	0.0652
	Log-normal	矩法	1.1231	0.2314	通过	0.0315	0.0644
		概率权重矩法	1.1231	0.2263	通过	0.0321	0.0639
		极大似然估计	1.1231	0.2281	通过	0.0319	0.0614
	Weibull	矩法	3.4570	4.6875	通过	0.0603	0.1252
		最小二乘法	4.2865	4.9962	通过	0.0612	0.1301
		极大似然估计	3.4570	4.2865	通过	0.0595	0.1136
年最大有义波高 (B-1)	Gumbel	矩法	3.4717	3.4861	不通过	0.1330	0.2911
		最小二乘法	2.0054	3.3707	通过	0.0499	0.1138
		概率权重矩法	2.0993	3.3774	通过	0.0538	0.1241
		极大似然估计	2.1416	3.3759	通过	0.0556	0.1256
	Log-normal	矩法	1.2825	0.1607	通过	0.0520	0.1300
		概率权重矩法	1.2825	0.1569	通过	0.0536	0.1355
		极大似然估计	1.2825	0.1584	通过	0.0529	0.1333
	Weibull	矩法	3.9041	7.0110	通过	0.0705	0.1379
		最小二乘法	3.9088	7.0322	通过	0.0721	0.1403
		极大似然估计	3.9146	6.1267	通过	0.0670	0.1236
伴随风速(B-2)	Gumbel	矩法	0.1513	9.9663	不通过	0.1720	0.3106
		最小二乘法	0.4204	12.4386	通过	0.0250	0.0570
		概率权重矩法	0.4340	12.4521	通过	0.0256	0.0567
		极大似然估计	0.4135	12.4285	通过	0.0251	0.0567
	Log-normal	矩法	2.6022	0.2084	通过	0.0310	0.0813
		概率权重矩法	2.6022	0.2041	通过	0.0316	0.0830
		极大似然估计	2.6022	0.2054	通过	0.0314	0.0825
	Weibull	矩法	14.9425	5.4102	通过	0.0618	0.1367
		最小二乘法	14.9047	5.6680	通过	0.0638	0.1413
		极大似然估计	14.9674	5.0090	通过	0.0584	0.1249

2.2.4　环境参数推算

单因素法是指分别计算得到的单个海洋环境极值要素百年重现期对应的设计参数，组合得到环境参数。单因素法对应设计参数 (v^*, h^*) 满足

$$v^* = F_{Vm}^{-1}(1 - \frac{1}{T_R}); h^* = F_{Hm}^{-1}(1 - \frac{1}{T_R}) \tag{2.10}$$

式中，T_R 为 100（代表该环境参数符合百年一遇的要求）；$F_{Vm}(v)$ 为年最大风速分布函数；$F_{Hm}(h)$ 为年最大有义波高分布函数。借助 MATLAB 中 fsolve 函数对该非线性方程进行求解。根据南海北部湾 A-1 与 B-1 序列最佳分布函数，计算得到风速 22.3473m/s，有义波高为 5.6640m。考虑到这里的风速时距为 10min，而对于自升式平台的风速计算通常采用 1min 时矩。根据 DNV 规范，可采用式 (2.11) 进行换算，得到风速为 24.7608m/s。

$$U_{1\min} = U_{10\min}(1 - 0.047\ln\frac{T_{1\min}}{T_{10\min}}) = 1.108U_{10\min} \tag{2.11}$$

式中，$U_{1\min}$ 为时距为 1min 的风速；$U_{10\min}$ 为时距为 10min 的风速。

2.3　基于二维极值分布的环境参数推算

本节以南海北部湾为研究海域首先对双变量相关性进行辨识，其次给出二维极值分布优选流程并予以应用，重点关注传统二维极值分布与新颖的基于 Copula 函数的二维极值分布，最后进行基于条件概率法的环境参数推算，比较各推算方法保守性。

2.3.1　主导与伴随要素相关性分析

求出样本中两随机变量之间的相关性系数，包括 Kendall 系数、Spearman 系数和 Pearson 系数，并进行相应的双变量相关性检验，可使用首先使用 MATLAB 中的 kendall、spearman、pearson 函数求解 3 个相关性系数，并借助 tttest 函数对样本进行相关性检验，见表 2.7。

表 2.7　样本相关性系数与检验结果

样本	Kendall		Spearman		Pearson	
	系数	检验	系数	检验	系数	检验
样本 A	0.6538	显著相关	0.8378	显著相关	0.8806	显著相关
样本 B	0.2975	显著相关	0.4235	显著相关	0.5046	显著相关

样本 A 相较于样本 B 而言，主导风速与伴随波高之间的相关性较强，原因在于海风产生风浪，而波浪内却包括风浪与涌浪。

2.3.2　二维极值分布优选理论

下面给出二维极值分布的优选流程（图 2.4）。

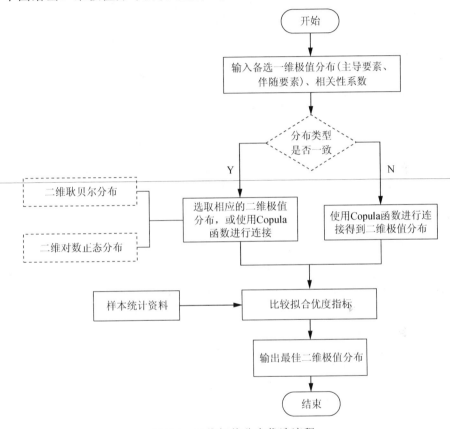

图 2.4　二维极值分布优选流程

（1）对于任意的边缘分布时，均可采用 Copula 分布；当变量边缘分布一致时，除采用 Copula 分布之外，还可采用传统的二维耿贝尔分布（二维混合耿贝尔分布和二维耿贝尔逻辑分布）、二维对数正态分布等。

（2）对该极值分布进行拟合优度比较，此时需要使用到定位公式，由于样本二维数据定位公式不满足严格单调性条件，无法使用 K-S 检验，这里以对比图的形式比较定位频率与理论频率之间的差异性与一致性。

二维定位概率 C_i：

$$C_i = \frac{k_i - A}{N + B} \tag{2.12}$$

式中，N 表示样本容量；k_i 表示样本中不超过该样本点数据的样本点出现次数；A、B 值查表 2.8。此时宜使用中值公式，指出该定位频率公式较之其他公式更具稳定性，因此采用一致的中值公式作为定位频率。

表 2.8　定位频率系数值

公式类型	参数 A	参数 B
数学期望公式	0	1
中值公式(推荐)	0.3	0.4
海森公式	0.5	0

(3) 比较各二维极值分布得到的理论频率值与定位公式之间的均方根误差（RMSE），见式(2.2)，Re 最小的分布即可选为该样本最佳二维分布。

2.3.3　二维极值分布优选工程应用

1. 风速主导样本

据表 2.9 可以发现，二维耿贝尔逻辑分布、二维对数正态分布，Clayton Copula 分布、Frank Copula 分布拟合优度接近，均实现了较好的拟合，其中 Frank Copula 拟合效果最好，略优于另外三者。说明同样都是以一维耿贝尔分布为边缘分布的前提下，Copula 函数相较于传统的极值分布具有优势。三类 Copula 分布函数中 Gumbel 型拟合优度较差，表明 Copula 函数的表现并不稳定，拟合结果存在一定的随机性，因此有必要针对各个样本进行不同类型的 Copula 函数拟合。

表 2.9　样本 A 二维极值分布拟合结果

拟合指标	传统二维极值分布		Copula 分布函数		
	二维耿贝尔逻辑分布	二维对数正态分布	Gumbel	Clayton	Frank
Re	0.0353	0.0539	0.3503	0.0383	0.0331
D	0.0690	0.0996	0.6041	0.0728	0.0554

据图 2.5 可以发现各样本点处拟合精度，除 Gumbel Copula 分布之外，其他二维极值分布对于低段频率值(<0.3)吻合良好，对于中高段频率值(>0.3)吻合一致性下降。

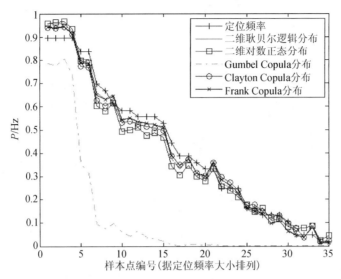

图 2.5 样本 A 经验频率及各分布对应理论频率对比

2. 有义波高主导样本

据表 2.10 可以发现，二维混合耿贝尔分布、二维耿贝尔逻辑分布、二维对数正态分布，Clayton Copula 分布、Frank Copula 分布拟合优度接近，均实现了较好的拟合，其中 Clayton Copula 拟合效果最好，略优于另外四者。再次说明，同样都是以一维耿贝尔分布为边缘分布的前提下，Copula 函数相较于传统的极值分布具有优势。此外，与样本 A 一样，三类 Copula 分布函数中 Gumbel 型拟合优度较差，再次表明 Copula 函数的表现并不稳定，但拟合优度相较于样本 A 已经有所改善。

据图 2.6 可以发现各样本点处拟合精度，除 Gumbel Copula 分布之外，其他二维极值分布对于低段频率值（<0.1）与中高频（>0.3）吻合良好，对于中低段频率值（0.1～0.3）吻合一致性下降。

值得注意的是，二维对数正态分布拟合效果也较为理想，甚至 Re 指标超过二维耿贝尔分布，说明尽管边缘分布并非最佳，但对应二维极值分布同样具备参考价值。

表 2.10 样本 B 传统二维极值分布拟合结果

拟合指标	传统二维极值分布			Copula 分布函数		
	二维混合耿贝尔分布	二维耿贝尔逻辑分布	二维对数正态分布	Gumbel	Clayton	Frank
Re	0.0410	0.0409	0.0402	0.1159	0.0364	0.0395
D	0.0946	0.0936	0.0981	0.1927	0.0940	0.0941

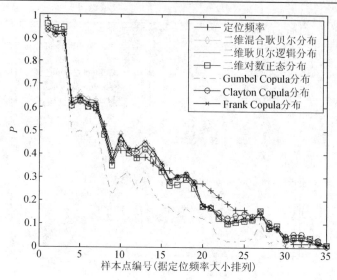

图 2.6　样本 B 经验频率及原始分布对应理论频率

2.3.4　环境参数推算

在不能预先确定该海域哪一种环境参数起主导作用时，需要对每一种主导要素的情况都进行分析。对于样本 A（以风速为主导要素）而言，基于均值和基于众值的设计参数分别为 $\left(v^{*}, h_{1}^{*}\right)$ 和 $\left(v^{*}, h_{2}^{*}\right)$。首先，风速环境参数与单因素法一致，满足 $F_{Vm}\left(v^{*}\right)=1-1/T_{R}$。在年最大风速取值为 v^{*} 时，伴随有义波高发生的条件概率等于：

$$f(h) = f_{Hw/Vm}\left(h\,|\,v^{*}\right) = \frac{f_{(Vm, Hw)}\left(v^{*}, h\right)}{f_{Vm}\left(v^{*}\right)} \tag{2.13}$$

式中，$f_{(Vm, Hw)}(v, h)$ 为样本 A 联合概率密度函数；$f_{Vm}(v)$ 为年最大风速概率密度函数；$F_{Vm}(v)$ 为年最大风速分布函数。可取该条件概率均值作为有义波高设计参数；或取该条件概率众值作为有义波高，即 h_{2}^{*} 始终满足 $f\left(h_{2}^{*}\right) \geqslant f(h)$，样本 B 与之类似。

由表 2.11 可见，单因素法作为目前规范推荐的设计参数推算方法，较为保守。样本 A 伴随有义波高的条件概率分布，以及样本 B 的伴随风速的条件概率分布呈现出正偏态特性（图 2.7），因此出现均值大于众值的情况，可见条件概率法中均值比众值更为安全。

表 2.11　条件概率法环境参数推算

编号	样本	方法	U_{10min} /(m/s)	U_{1min} /(m/s)	有义波高/m
1	样本 A	均值	22.3473	24.7608	4.4850
2	样本 A	众值	22.3473	24.7608	4.1678

编号	样本	方法	U_{10min} /(m/s)	U_{1min} /(m/s)	有义波高/m
3	样本 B	均值	15.2174	16.8608	5.6640
4	样本 B	众值	13.8793	15.3783	5.6640

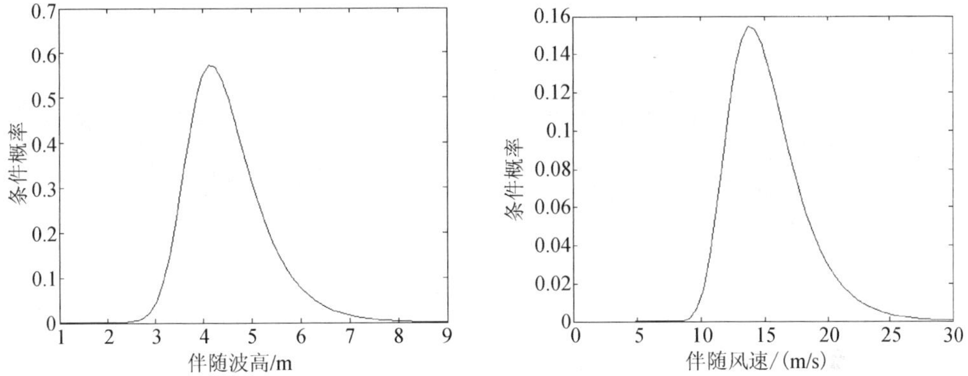

(a)样本 A　　　　　　　　　　　(b)样本 B

图 2.7　条件概率密度函数

2.4　风阻系数及其影响规律分析

本节同时考虑遮蔽效应与形状效应，给出自升式平台风阻系数定义，同时给出风载荷的稳态数值模拟方法，研究风阻系数与风向角之间的变化关系，并尝试给出对应的风场解释。

2.4.1　研究对象与风阻系数定义

1. 平台简化模型

平台表面不平度与上漆钢一致为 0.000005m。根据模块形状尺寸信息与模块间相对位置信息，利用几何造型软件 Pro/E 进行自升式平台静水面以上部分的几何建模，如图 2.8(a)所示的原始三维模块。为了减少计算量，提高仿真计算效率，将原始模型中对风场影响不大的小特征进行简化预处理。具体的做法是根据各处的桁架式结构的外形轮廓，将其简化为平面，这其中包括桩腿、钻井架、起重机以及直升机甲板，最终得到简化三维模型见图 2.8(b)。

2. 风阻系数定义

平台在进行模块外形设计与模块间位置布局时，要求此时外形具备流线型、配置间具有明显遮蔽效应，因为在投影面积与风速不变的情况下，此时可以得到尽可能小的风载荷，同时充足的遮蔽效应也有助于获得安全区。本节给出一个统一的无量纲风阻系数来同时描述平台各模块形状效应与模块间遮蔽效应，流向风阻系数见式(2.14)。此风阻系数越小，代表平台流线型与遮蔽效应越明显，反之亦然。

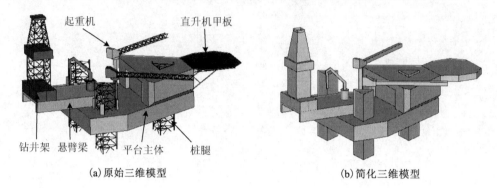

(a) 原始三维模型   (b) 简化三维模型

图 2.8　自升式平台三维模型

$$C_{\text{wind}}(\theta) = \frac{F(\theta) / A(\theta)}{\frac{1}{2}\rho_a v^2} \tag{2.14}$$

式中，$C_{\text{wind}}(\theta)$ 为风阻系数；$F(\theta)$ 为风载荷；$A(\theta)$ 投影面积，具体数值见表 2.12；v 为设计风速，考虑到风阻系数对风速不敏感，这里不妨取自升式平台作业工况下标准风速 36.1m/s，并以此风速计算得到的风阻系数作为评价过程中的统一风阻系数推荐值；ρ_a 为空气密度，取值 $1.225\text{kg}/\text{m}^3$；$\theta$ 为风向角，方向定义见图 2.9。

表 2.12　风向角下投影面积

$\theta/(°)$	0	22.5	45	67.5	90	112.5	135	157.5	180
$A(\theta)/\text{m}^2$	1733.6	1803.1	2161.0	2290.0	1792.9	2375.1	2175.4	1804.0	1733.6

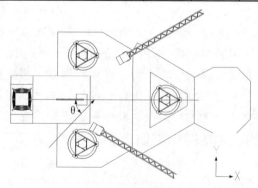

图 2.9　风向角示意图

2.4.2　仿真风载荷求解与评价

为了分析风向角 0°～180°（以 22.5° 为间隔）下风阻系数随风向角变化规律，本节首先给出仿真风载荷随风向角变化规律，并对仿真数据进行评价。

首先需要明确风场数学模型，包括计算域、湍流模型与边界条件，其次是对计算域与边界条件进行空间离散，以及对湍流模型进行压力等物理量离散。具体操作时，借助 HyperMesh 建立计算域与边界识别面，并进行空间离散(网格划分)，然后导入 Fluent 中对计算域与边界识别面进行材料与性质定义，并对湍流方程进行对应的计算模型选择，再对密度等物理量进行离散策略选取，最后设置迭代步数。

1. 风场数学模型

1)计算域与边界条件

如图 2.10 所示，面 ABCD 命名为 inlet，设置为自定义速度入口边界；面 EFGH 命名为 outlet，设置为自由出流边界；面 AEHD 命名为 top_surface，为对称边界；面 BFGC 命名为 wall_sea，设置为固定壁面边界(光滑)；面 DHGC 命名为 front_surface，设置为对称边界；面 AEFB 命名为 back_surface，设置为对称边界；内部平台外表面命名为 wall_platform，设置为固定壁面边界；各面组成封闭计算域 air_fluid，介质设置为空气。

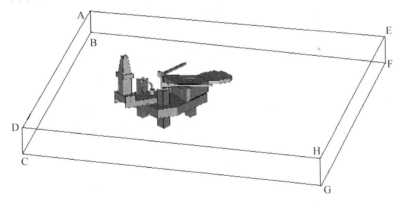

图 2.10　风场数学模型

已知平台特征尺寸，高度方向：61898mm；长度方向：101740mm；宽度方向：69557mm。平台壁面 wall_platform 为固定壁面条件。取平台长度方向尺寸为参照尺寸 L，设置相应的流体域尺寸，即各边界之间的相对位置。边 AB=61898mm，边 AD=508700mm(5L)，边 AE=763050 mm(7.5L)，自定义速度入口边界 inlet 距离平台重心 254350mm(2.5L)，自由出流边界 outlet 距离平台重心 508700mm(5L)。

对于边界 inlet，运用 DNV 推荐的适用于有浪海面的风速剖面公式为

$$u(z) = u_{10}(\frac{z}{10})^{0.12} \qquad\qquad (2.15)$$

编写 UDF 程序进行定义：

```
/*UDF  for  specifying  steady-state  velocity  profile  boundary
condition*/
#include"udf.h"
#include<math.h>
DEFINE_PROFILE(velocity_inlet, thread, position)
{
  real x[ND_ND];
  real h;
  face_t f;
  begin_f_loop(f, thread)
   {
     F_CENTROID(x,f,thread);
     h=x[1]/10;
     F_PROFILE(f, thread, position) =10*pow(h,0.12);
  end_f_loop(f, thread)
   }
}
```

2) 湍流模型

对于大结构件风场数值模拟普遍采用稳态分析，相比于动态分析，该分析类型能在保证计算精度的同时最大限度地降低计算资源的使用。当风速为 36.1m/s 时，绕流雷诺数为 2.48×10^8。已知雷诺数增大到 5×10^6 时，流场变为全湍流流动。另外，在边界层附近由于黏滞力的作用使得该处的流动不同于流场主流。

为了描述这一流场特征，考虑使用 $k-\omega$ SST 模型，$k-\varepsilon$ 模型以及 Transition SST 模型进行试算后，发现 $k-\omega$ SST 模型计算效率低于 $k-\varepsilon$ 模型，高于 Transition SST 模型，但计算稳定性高于 $k-\varepsilon$ 模型，但低于 Transition SST 模型，综合考量计算成本与结果可靠性，本章采用湍流模型中的 $k-\omega$ SST 模式。该模型是 Menter 对 Wilcox 提出的简单 $k-\omega$ 湍流模型的改进，综合 $k-\omega$ 模型在近壁面区域计算的优点和 $k-\varepsilon$ 模型在远场计算的优点。

2. 数值离散策略

首先简要说明湍流模型离散方式，求解方式采用 SIMPLE，梯度项离散选择 Least Squares Cell Based，压力项选择 Second Order，动量、湍动能和特定耗散率采用 Second Order Upwind。

对于流体网格的划分而言，目前有 ICEM CFD、Gambit 和 HyperMesh。其中，HyperMesh 平台一般用于固体网格的划分，更新的版本增加了 CFD Tetramesh 划分工具，该面板可快速生成流体域内具有较高单元质量的边界层网格和核心区网格(加密区域、非加密区域)。本节使用该工具完成对风场网格的划分。

1)面单元划分

CFD 三维网格的生成，是以二维网格的生成为基础，对二维网格的划分有如下要求：①壁面处 2D 网格应以四边形单元为主，可保证生成的边界层网格为四棱柱单元；②依据流场分析对流体网格疏密性的要求，对 2D 网格单元的尺寸进行针对性的设置。基于此，设置平台壁面单元尺寸为 1000mm，并以四边形单元为主；以平台重心为中心，在 top_surface 与 wall_sea 边界面上设置 170000mm 边长的细化区域，细化区域内单元尺寸为 3000～5000mm，其余非细化区域为 10000～12000mm。

2)边界层网格设置

二维网格生成后，首先设置边界层网格，包括边界选取与边界层参数设置。这里设置 wall_platform 为固定式带边界层边界；其余边界设置为浮动式不带边界层边界，浮动是指该边界网格将会进行重划分(remesh)以让出边界层单元生长空间。边界层参数设置 3 层，第 1 层厚度 200mm，增长率 1.2，并允许边界层单元进行压缩以保证四面单元的生长。

在边界层网格生成过程中，部分节点无法根据其相邻单元的法线方向计算出该节点的偏移方向，而成为不可偏移节点，见图 2.11(a)。对于不可偏移节点的处理，软件设置出相应的节点塌陷角度阈值 1.5，首先进行节点塌陷，进行毗邻单元重新生成，再生成边界层网格。自升式平台悬臂梁与平台主体之间存在不可偏移节点，试算后发现采用阈值处理法无法解决该问题，在这里通过设置微小过渡来代替单元的塌陷，见图 2.11(b)。

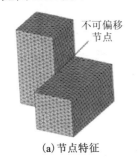
(a)节点特征

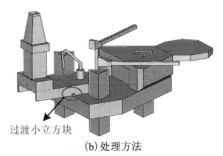
(b)处理方法

图 2.11　不可偏移节点特征与处理方法

3)细化区域设定

为了实现对流体域内部进行细化，在流场内设置细化区域(refinement box)，这里设置尺寸为 17000mm×17000mm×61898mm 的立方块，区域内体网格生长尺寸为 3000mm。最终细化区域网格划分结果见图 2.12。

图 2.12　流体域网格

3. 仿真数据评价

1）模型稳定性分析

图 2.13 为不同风向角下平台风载荷的迭代输出。可以发现，流场在 100 步迭代之后接近收敛，说明对平台风场可以采用稳态分析。为了保证输出结果的代表性与稳定性，这里对 300~500 步之间的迭代结果取均值作为风载荷特征值。

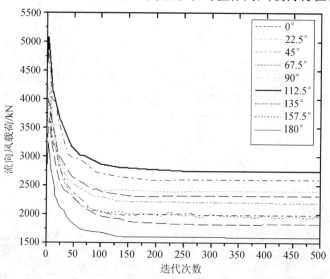

图 2.13　不同风向角下平台风载荷迭代输出

2）其他计算方法对比

已知自升式平台（300 英尺）在作业工况下的风洞实验数据与规范计算数据（表 2.13）。使用式（2.16）与式（2.17）所定义的相对偏差公式来对比各计算方法精度。

$$\varepsilon_{r1} = (F_{\text{sim}} - F_{\text{test}}) / F_{\text{test}} \tag{2.16}$$

$$\varepsilon_{r2} = (F_{\text{ccs}} - F_{\text{test}}) / F_{\text{test}} \tag{2.17}$$

式中，ε_{r1} 为仿真值相对偏差；ε_{r2} 为规范值相对偏差；F_{sim} 为风载荷仿真值；F_{text} 为

风载荷实验值；F_{ccs} 为风载荷规范值。

通过表 2.13 和图 2.14 可以发现，仿真风载荷与实验风载荷相比，整体稍偏保守，最大相对误差发生在 135°风向角，达到 24.14%，此外两者的危险风向角均为 112.5°；而规范值与实验值相比，整体保守性较大，在 22.5°风向角位置的相对误差甚至达到 48.80%，整体变化趋势与实验值误差也较大。对仿真数据变化趋势进行简单分析可知，随着风向角的增大，平台风载荷逐渐增大，在 112.5°附近取到最大值，达到 2736.5kN，即该角度为平台的危险风向角。此后，直到 135°风向角，风载荷维持在高位。最后，风载荷加速下降，整体风载荷最小值发生在 180°风向角位置，为 1584.9kN。此变化趋势与风洞实验数据一致性高。

表 2.13　不同计算方法风载荷对比

风向角 /(°)	0	22.5	45	67.5	90	112.5	135	157.5	180
F_{text} /kN	1645	1772.5	1988	2138.54	2050	2246.5	2094.5	1819	1645
F_{sim} /kN	1983.3	1958.4	2187.1	2298.8	2395.6	2736.5	2600.1	1822.5	1584.9
ε_{r1}	19.91%	10.49%	10.02%	7.49%	16.96%	21.81%	24.14%	0.19%	-3.65%
F_{ccs} /kN	2432	2637.5	2719	2597.75	2195	2549	2621	2509.75	2314
ε_{r2}	47.04%	48.80%	36.77%	21.47%	7.07%	13.47%	25.13%	37.97%	40.67%

注：相对偏差正数代表仿真/规范偏保守，反之亦然。

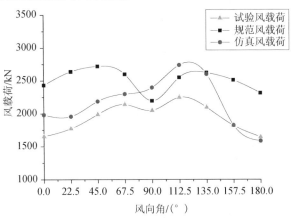

图 2.14　不同计算方法风载荷对比曲线

综上所述，当缺少风洞实验数据时，仿真数据相对于规范数据而言更具参考价值，当存在风洞实验数据时，仿真手段所获得流场速度矢线图与流场风压图等细节信息则可用于对风洞实验数据的解释。

2.4.3　风阻系数随风向角变化规律分析

1. 规律讨论分析

由于已知实验风载荷数据，因此将其代入公式(2.9)换算得到不同风向角下风阻系数(表 2.14)，并得出不同风向角下风阻系数曲线(图 2.15)。风阻系数变化范围在1.1525~1.4324，在 90°风向角处取得最大值为 1.4324，而在 45°风向角取得最小值为 1.1525。同时，除 90°风向角之外其他风阻系数均处于低位，为 1.2 左右。

表 2.14　不同风向角下平台风阻系数

风向角/(°)	0	22.5	45	67.5	90	112.5	135	157.5	180
风阻系数	1.1953	1.2315	1.1525	1.1699	1.4324	1.1850	1.2062	1.2632	1.1888

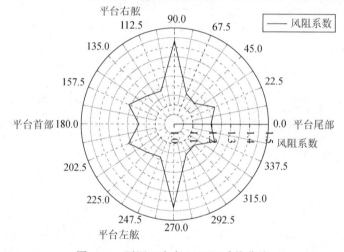

图 2.15　不同风向角下风阻系数曲线

2. 对应风场解释

由于自升式平台外形为非流线型，因此海风绕自升式平台的流动属于钝体空气动力学问题，此时在平台周围的流场中充满了撞击、分离、环绕和漩涡等复杂的流动现象。为了能够更加清晰地理解风阻系数变化的原因，下面给出各风向角的风压云图与空气速度矢线图，见图 2.16~图 2.18。

观察图 2.16~图 2.18，可以发现，90°风向角下各构件暴露充分，且含有充分的撞击效应，压力云图显示高亮，因此风阻系数达到最大；而 45°风向角下，风场对迎风面缺少撞击现象，平台外形起到类似"流线型"设计的效应，空气能够在平台表面顺利地流过，流速较高，压力云图偏暗，因此风阻系数达到最小。其余风向角对应到风压云图上该区域或多或少地呈现暗色，观察对应的俯视图与主视图可以发现，此类风场中也存在一定程度的"流线型"，因此对应的风阻系数维持在低位。此外，对于 0°，22.5°，157.5° 与 180° 风向角而言，观察流场图可以发现平台中央形成空腔区，可以作为安全的避风区。

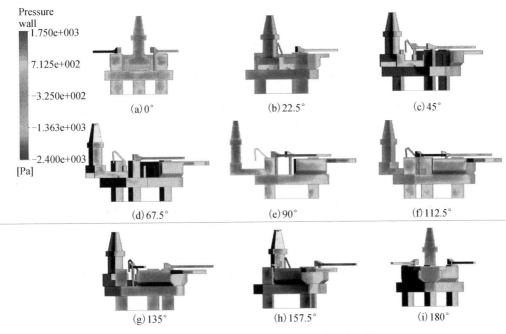

图 2.16　不同风向角下平台迎风面风压云图

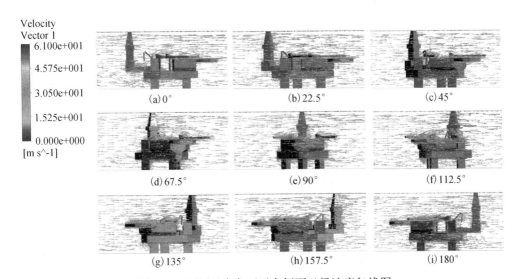

图 2.17　不同风向角下平台侧面风场速度矢线图

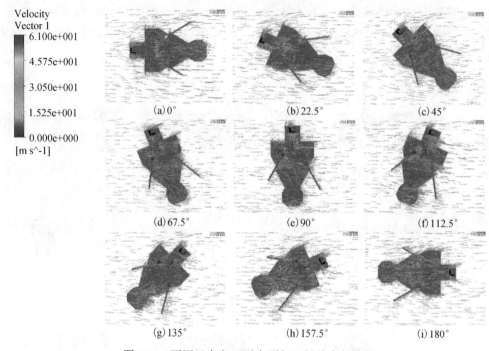

图 2.18　不同风向角下平台顶部风场速度矢线图

2.5　弦杆拖曳水动力系数及其影响规律分析

本节首先给出弦杆拖曳水动力系数的等效定义，以及流载荷数值模型的数值模型与离散方法，并以此为基础，研究粗糙度与入射角对拖曳水动力系数的影响规律，最后对仿真数据给予流场解释。

2.5.1　研究对象与拖曳水动力系数定义

1. 弦杆物理模型

桩腿弦杆是由一根齿条板、两块半圆板经拼接而成的，相对于其他撑杆，具有异形大尺寸截面的弦杆是桩腿主要受流载构件，见图 2.19。Super M2 型空平台的桩腿弦杆齿面形式为直线，模数为 80，压力角为 30°，齿条厚度 150mm，弦杆平均截面积为122965.8mm²（$585.2 \times 150 + \pi(191^2 - 159^2)$），具体尺寸如图 2.20 所示。

DNV 规范对弦杆粗糙度作出了规定。服役初期，作为上漆钢的弦杆表面不平度0.0000005m，换算得到粗糙度值8.54×10⁻⁶；对于服役两年后的自升式平台而言，由于海洋生物的附着，使得表面不平度上升至 0.005m，对应的粗糙度值换算得 8.54×10⁻³。

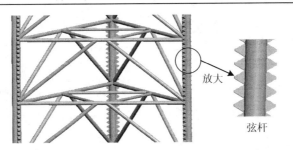

图 2.19　桩腿模型

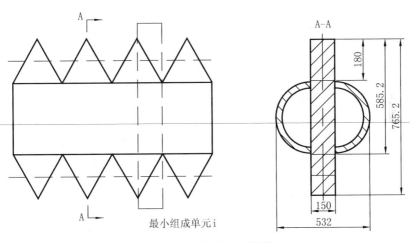

图 2.20　弦杆构件二维图

2. 弦杆拖曳水动力系数定义

根据 Morison 公式，给出桩腿弦杆的等效拖曳水动力系数定义为

$$C_D = \frac{F(\Delta, \theta)/l}{0.5\rho D v^2} \tag{2.18}$$

式中，F 为弦杆所受拖曳力；Δ 为粗糙度；θ 为入射角，方向定义见图 2.21；l 为弦杆总长；ρ 为海水密度 998.2kg/m³；C_D 为拖曳水动力系数；D 为等效直径，D=585.2mm；v 为流速。

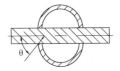

图 2.21　弦杆流向角

由于桩腿弦杆存在对称性，因此弦杆整体拖曳力等于图 2.20 中最小组成单元 i

所受拖曳力的 N 倍，弦杆与最小组成单元之间长度关系亦如是，即

$$F(\Delta,\theta) = NF_i(\Delta,\theta) \tag{2.19}$$

$$l = Nl_i \tag{2.20}$$

式中，F_i 为最小组成单元 i 所受拖曳力；l_i 为单元长度，为 126.66mm；N 为最小组成单元的数目，代入式 (2.30)，得到简化定义式 (2.21)。

$$C_D(\Delta,\theta) = \frac{F_i(\Delta,\theta) / l_i}{0.5\rho Dv^2} \tag{2.21}$$

考虑到现有波流载荷中拖曳水动力系数规范推荐值并不区分作业与自存工况，换言之，其拖曳水动力系数取值的保守性能够同时满足作业工况与自存工况。因此本节就根据自存工况下的最大流速进行计算。首先计算波浪引起的流速，此时波高为 14.94m，水深为 91.4m，波周期为 13.5s，使用 Stokes 五阶波进行波浪轮廓参数与动力参数换算，得出此时弦杆由于波浪作用所受到的最大流速为 37.03m/s。其次计算洋流引起的流速，海洋表面最大洋流速度为 1.05m/s，根据波浪静水面高度 (8.202m) 对其进行线性修正得到 1.14m/s（公式：$1.05 \times (8.202 + 91.4) / 91.4$）。结合波浪引起的最大流速与洋流引起的最大流速，计算得出弦杆所面临的最大流速为 38.17m/s。不妨取流速为 40m/s，即采用该数值研究粗糙度与入射角对弦杆的水动力系数影响规律。

2.5.2　仿真流载荷求解

弦杆流场数值模型的建立过程与平台风场数值模型相似，主要区别在于分析类型与湍流模型的选择。

1. 流场数学模型

1）计算域与边界条件

如图 2.22 所示，面 $ABCD$ 命名为 inlet，设置为速度入口边界；面 $EFGH$ 命名为 outlet，设置为自由出流边界；面 $AEHD$ 命名为 top_surface，为对称边界；面 $BFGC$ 命名为 bottom_surface，设置为对称边界；面 $DHGC$ 命名为 front_surface，设置为对称边界；面 $AEFB$ 命名为 back_surface，设置为对称边界；内部弦杆外表面命名为 wall_chord，设置为固定壁面边界；各面组成封闭计算域 wave_fluid，介质设置为水。

取弦杆剖面最宽处尺寸为参照尺寸 L=765.2mm。为保证流体与弦杆之间的绕流效应得到充分发展，设置边 AB=1913mm（2.5L），边 AD=3826mm（5L），边 AE=7652（10L），inlet 距离弦杆轴线 1913mm（2.5L），outlet 距离弦杆轴线 5739mm（7.5L）。之所以出口边界设置较远，主要是为了便于观察尾涡区的漩涡大小与发展。

2）湍流模型

雷诺数方面，弦杆绕流流场达到 2.34×10^7。与第 1 章相类似，桩腿弦杆在水流中的大部分状态为全湍流流动。考虑到弦杆绕流尾流中会不断出现漩涡，流场动态

性明显，因此需要对流场进行动态分析。此外，本章选择 Transition SST 模型，相较于 SAS 模型，该模型给出了粗糙度修正选项，便于在接下来讨论粗糙度对拖曳水动力系数的影响。

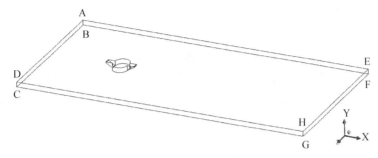

图 2.22　流场数学模型

2. 数值离散策略

首先简要说明湍流模型离散方式，求解方式采用 SIMPLE，梯度项离散选择 Least Squares Cell Based，压力项选择 Second Order，动量、湍动能和特定耗散率采用 Second Order Upwind。试算后，设置迭代步为 0.01s，总共模拟 150 步，最终得到 1.5s 的瞬态仿真过程。

在进行 2D 面网格划分时，弦杆表面单元尺寸设置为 20mm；以弦杆轴线为中心，设置 1200mm 边长的细化区域，区域内单元尺寸为 20mm；其余分别为 50mm。

在 3D 流体网格生成时设置弦杆边界层网格参数：数目 3 层，其中首层厚度 3mm，并以 1.2 比率增大，同时设置 1200mm×1200mm×20mm 的细化区域，细化区域体网格密度设置为 30mm，最终流体网格如图 2.23 所示。

图 2.23　流体网格

2.5.3　粗糙度影响规律分析

本节研究 0° 入射角下 7 种粗糙度对应的水动力系数取值。为此，将弦杆的粗糙度分为 7 个级别，分别为 R1 = $8.544×10^{-6}$（对应 k=0.000005m），R2 = $1.709×10^{-5}$（对应 k=0.00001m），R3 = $8.544×10^{-5}$（对应 k=0.00005m），R4 = $1.709×10^{-4}$（对应 k=0.0001m），R5 = $8.544×10^{-4}$（对应 k=0.0005m），R6 = $1.709×10^{-3}$（对应 k=0.001m），R7 = $8.544×10^{-3}$（对应 k=0.005m）。

1. 系数动态变化规律

图 2.24 为不同粗糙度下，水动力系数随时间的动态迭代计算过程，表 2.15 为其相应统计数据。在计算时间达到 0.5s 之后，各粗糙度级别的水动力系数都呈现规律性变化，或收敛或振荡。R3 级别以下的粗糙度对应的数值模型运算振荡幅度极小，仅为 0.0001；随着粗糙度级别的提高，在 R3，R4，R5，R6 级别下呈现小幅振荡，振幅变化范围为 0.0052～0.0207；最后在 R7 级时，振荡幅度进一步加大，达到 0.0604。为了保证仿真系数的保守性，取 101～150 步迭代值最大值作为该粗糙度级别下的输出。

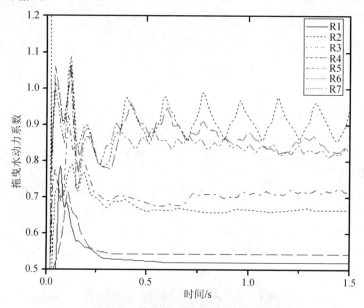

图 2.24　0°入射角不同粗糙度下水动力系数迭代输出

表 2.15　0°入射角不同粗糙度水动力系数最值与振幅

双变量	R1	R2	R3	R4	R5	R6	R7
最大值	0.5197	0.5422	0.6696	0.7264	0.8465	0.8761	0.9783
最小值	0.5195	0.5421	0.6592	0.7053	0.8091	0.8212	0.8576
均值	0.5196	0.5421	0.6640	0.7142	0.8288	0.8436	0.9044
振幅	0.0001	0.0001	0.0052	0.0105	0.0187	0.0275	0.0604

2. 仿真数据评价

DNV 规范给出 0°入射角下不同粗糙度与拖曳水动力系数关系式为

$$C(\Delta) = \begin{cases} 0.65 & , \quad \Delta \leqslant 0.0001 \\ (29 + 4\log_{10}(\Delta))/20, 0.0001 < \Delta \leqslant 0.01 \\ 1.05 & , \quad \Delta > 0.01 \end{cases} \tag{2.22}$$

对比规范数据与仿真数据,并以仿真数据为参照,给出规范数据的绝对偏差与相对偏差,具体见表 2.16 与图 2.25。

表 2.16 不同粗糙度下仿真拖曳水动力系数评价

双变量	R1	R2	R3	R4	R5	R6	R7
规范值	0.6500	0.6500	0.6500	0.6965	0.8363	0.8965	1.0363
仿真值	0.5197	0.5422	0.6696	0.7264	0.8465	0.8761	0.9783
绝对偏差	0.1303	0.1078	−0.0196	−0.0299	−0.0102	0.0204	0.0580
相对偏差	25.07%	19.88%	−2.92%	−4.12%	−1.22%	2.33%	5.93%

注:绝对偏差与相对偏差正数代表规范偏保守,反之亦然。

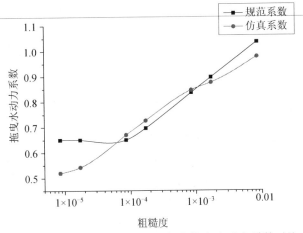

图 2.25 不同粗糙度下仿真与规范拖曳水动力系数对比

从规范与仿真的匹配程度上来看,R3~R6 级别粗糙度对应的水动力系数与规范吻合度较高,最大绝对偏差仅为 0.0299,其次是 R7 级,绝对偏差达到 0.0580,但其相对偏差较低仅为 5.93%,R1 与 R2 级的绝对偏差与相对偏差都较大,总体来看,R1,R2 与 R7 的偏差趋势是保守性的,不会影响计算安全。为了工程应用的方便,粗糙度对数值与仿真系数呈线性变化关系,这里运用线性拟合公式给出仿真系数对应的函数式(2.23),拟合残差平方和 RSS 为 0.0008,拟合效果如图 2.26 所示。

值得注意的是,尽管 R1 与 R2 级的偏差较大,但考虑到该低粗糙度在海面以下存在的时间有限,弦杆表面很容易由于水生物的附着,而使粗糙度提高,使得粗糙度较快地进入 R3 级。可见,弦杆在绝大多数工作时间都处在 R3 到 R7 级。

$$C_0 = 1.3177\log_{10}(\Delta) + 0.1590 \tag{2.23}$$

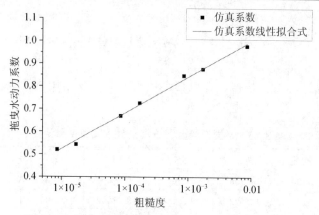

图 2.26　仿真系数与粗糙度对数项之间的线性拟合

3. 对应流场解释

图 2.27 为 R3 级别粗糙度下不同入射角下弦杆流场速度矢线图。可以发现：

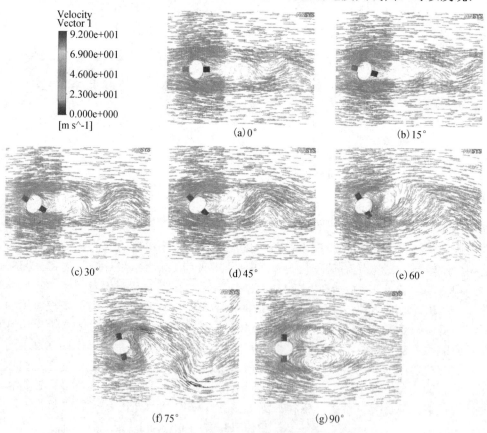

图 2.27　不同入射角对应流场速度矢线图

（1）0° 和 15° 入射角尾涡区不明显，此时对应的拖曳水动力系数振幅不大。直到 45° 入射角，漩涡缓慢增大，对应系数振幅则缓慢增大；对于 60° 与 75° 入射角而言，漩涡影响区急剧增大，对应的系数振幅加剧；但在 90° 入射角下，流场并未产生卡门涡街，因此系数不产生振荡。

（2）0° ～15° 入射角下齿条对流场干扰不明显，流场基本一致，边界层分离点位置始终位于弦杆半圆板上，使得压差阻力未产生明显变化，对应拖曳水动力系数基本不变。随着入射角的进一步增大，在 30° ～75° 区间内，边界层分离点位置逐渐由弦杆半圆板处过渡到齿条齿面处，使得压差阻力急剧上升，对应拖曳水动力系数急剧增大，尤其是 75° 入射角更是达到最大；当入射角增大到 90° 时，尾涡区内形成对称且稳定的漩涡，该漩涡对弦杆后方产生了有效压力补充，从而使得压差阻力降低，表现为拖曳水动力系数下降。

2.5.4　入射角影响规律分析

考虑到 R3 级别粗糙度是第一个与规范相吻合的粗糙度值，本节分别对 R1、R3 和 R7 粗糙度级别，进行入射角影响规律的研究。

1. 系数动态变化规律

图 2.28 为不同粗糙度下，水动力系数随时间的动态迭代计算过程，表 2.17 为其相应统计数据。在计算时间达到 0.5s 之后，各入射角的水动力系数都呈现规律性变化，或收敛或振荡。可以发现，0°，15°，30°，45° 以及 90° 入射角的对应的系数随时间振荡不大，趋于稳定。而 60° 与 75° 入射角的振荡明显。另外，随着粗糙度级别的提高，同一入射角对应的流场稳定性下降。同样的，为了保证仿真系数的保守性，取 101～150 步迭代值最大值作为该入射角级别下的输出。

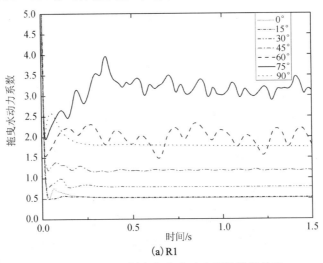

(a) R1

图 2.28　不同入射角拖曳水动力系数迭代输出

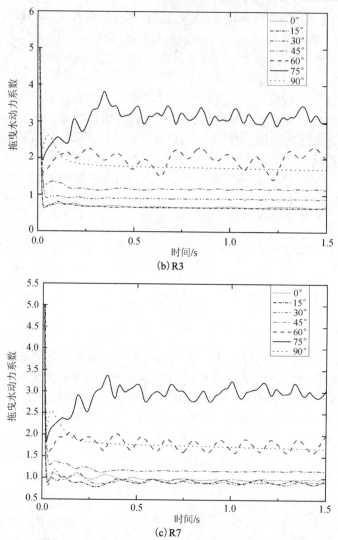

图 2.28　不同入射角拖曳水动力系数迭代输出(续)

表 2.17　不同入射角拖曳水动力系数迭代输出指标

粗糙度	入射角/(°)	0	15	30	45	60	75	90
R1	最大值	0.5197	0.5202	0.7890	1.2155	2.2746	3.5314	1.7765
	最小值	0.5195	0.5200	0.7823	1.1555	1.5020	2.8249	1.7522
	均值	0.5196	0.5202	0.7857	1.1872	1.9624	3.1432	1.7644
	振幅	0.0001	0.0001	0.0034	0.0300	0.3863	0.3533	0.0122
R3	最大值	0.6696	0.6444	0.8943	1.1791	2.3631	3.5512	1.7342
	最小值	0.6592	0.6427	0.8810	1.1357	1.3698	2.8661	1.7040

续表

粗糙度	入射角/(°)	0	15	30	45	60	75	90
R3	均值	0.6640	0.6435	0.8878	1.1603	1.9713	3.1295	1.7199
	振幅	0.0052	0.0009	0.0067	0.0217	0.5516	0.3426	0.0151
R7	最大值	0.9783	0.9631	0.9930	1.1747	1.9867	3.3045	1.7337
	最小值	0.8576	0.8196	0.9393	1.1484	1.5184	2.6987	1.6910
	均值	0.9044	0.8913	0.9659	1.1631	1.7733	3.0039	1.7108
	振幅	0.0604	0.0718	0.0319	0.0132	0.2342	0.3029	0.0214

2. 仿真数据评价

DNV 规范给出了桩腿弦杆拖曳水动力系数随入射角与尺寸结构之间的变化关系式，见式(2.24)与式(2.25)。

$$C_D = \begin{cases} C_0 & , \ 0 \leq \theta < 20° \\ C_0 + (C_1 \dfrac{W}{D} - C_0)\sin^2(\dfrac{9}{7}(\theta - 20°)), 20° \leq \theta \leq 90° \end{cases} \tag{2.24}$$

$$C_1 = \begin{cases} 1.8 & , \ W/D \leq 1.2 \\ 1.4 + W/(3D), 1.2 < W/D \leq 1.8 \\ 1.2 & , \ W/D > 1.8 \end{cases} \tag{2.25}$$

式中，W/D=1.1，并代入式(2.23)中计算所得 C_0 之后得到如下规范公式，其中式(2.26)、式(2.27)和式(2.28)分别用于计算 R1、R3 和 R7 粗糙度级别下的拖曳水动力系数。

$$C_{DR1} = \begin{cases} 0.5197 & , \ 0 \leq \theta < 20° \\ 0.5197 + 1.4603\sin^2(\dfrac{9}{7}(\theta - 20°)), 20° \leq \theta \leq 90° \end{cases} \tag{2.26}$$

$$C_{DR3} = \begin{cases} 0.6696 & , \ 0 \leq \theta < 20° \\ 0.6696 + 1.3104\sin^2(\dfrac{9}{7}(\theta - 20°)), 20° \leq \theta \leq 90° \end{cases} \tag{2.27}$$

$$C_{DR7} = \begin{cases} 0.9783 & , \ 0 \leq \theta < 20° \\ 0.9783 + 1.0017\sin^2(\dfrac{9}{7}(\theta - 20°)), 20° \leq \theta \leq 90° \end{cases} \tag{2.28}$$

式中，C_{DR1}、C_{DR3} 与 C_{DR7} 分别为 R1、R3 和 R7 粗糙度级别下的拖曳水动力系数。

计算得到相应仿真系数与规范系数对比值，见表 2.18 与图 2.29。可以发现，在 R1～R3 级别粗糙度下，规范系数与仿真系数的整体差距较大，规范推荐值较为危险，但考虑到该级别的粗糙度停留时间并不长，从长期来看，影响并不显著。在 R3～R7 级别粗糙度下，入射角处在 0～45°区间的仿真系数与规范系数吻合较高，此时使用规范推荐公式可以较为合理地求出水动力系数值。然而，在 45°～75°入射角时，仿真系数与规范系数差距较大，在90°附近，仿真系数又回归规范系数。

表2.18 R1不同入射角对应的拖曳水动力系数

粗糙度	入射角/(°)	0	15	30	45	60	75	90
R1	规范值	0.5197	0.5197	0.5920	0.9330	1.4123	1.8207	1.9800
	仿真值	0.5197	0.5202	0.7890	1.2155	2.2746	3.5314	1.7765
	绝对偏差	0	−0.0005	−0.1970	−0.2825	−0.8623	−1.7107	0.2035
	相对偏差	0	−0.10%	−24.97%	−23.24%	−37.91%	−48.44%	11.46%
R3	规范值	0.6696	0.6696	0.7345	1.0405	1.4706	1.8371	1.9800
	仿真值	0.6696	0.6444	0.8943	1.1791	2.3631	3.5512	1.7342
	绝对偏差	0	0.0252	−0.1598	−0.1386	−0.8925	−1.7141	0.2458
	相对偏差	0	3.91%	−17.87%	−11.75%	−37.77%	−33.06%	14.17%
R7	规范值	0.9783	0.9783	1.0279	1.2618	1.5906	1.8707	1.9800
	仿真值	0.9783	0.9631	0.9930	1.1747	1.9867	3.3045	1.7337
	绝对偏差	0	0.0152	0.0349	0.0871	−0.3961	−1.4338	0.2463
	相对偏差	0	1.58%	3.51%	7.41%	−19.94%	−43.39%	14.21%

注：绝对偏差与相对偏差正数代表规范偏保守，反之亦然。

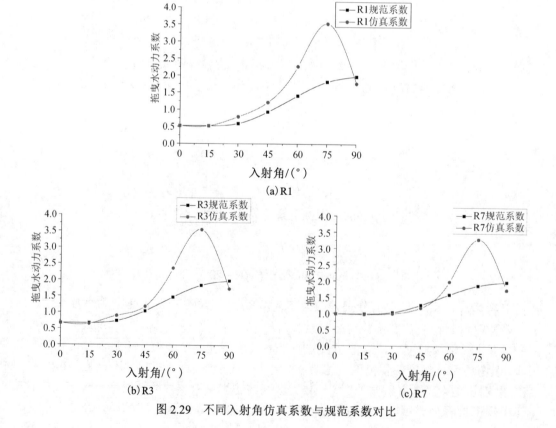

图2.29 不同入射角仿真系数与规范系数对比

其他粗糙度级别的拖曳水动力系数可依据本节给出的拖曳水动力系数与粗糙度之间的变化规律进行插值获得。

3. 对应流场解释

图 2.30 为 R3 级别粗糙度下不同入射角下弦杆流场速度矢线图。可以发现:

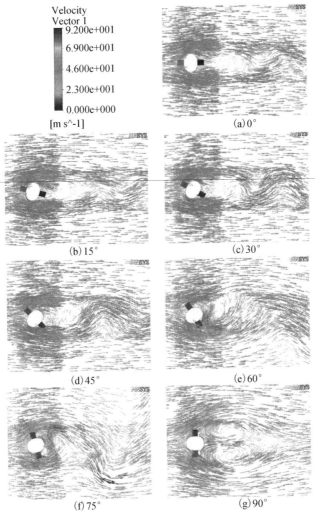

图 2.30　不同入射角对应流场速度矢线图

(1) 0° 和 15° 入射角尾涡区不明显,此时对应的拖曳水动力系数振幅不大。直到 45° 入射角,漩涡缓慢增大,对应系数振幅则缓慢增大;对于 60° 与 75° 入射角而言,漩涡影响区急剧增大,对应的系数振幅加剧;但在 90° 入射角下,流场并未产生卡门涡街,因此系数不产生振荡。

(2)0°～15°入射角下齿条对流场干扰不明显，流场基本一致，边界层分离点位置始终位于弦杆半圆板上，使得压差阻力未产生明显变化，对应拖曳水动力系数基本不变。随着入射角的进一步增大，在30°～75°区间内，边界层分离点位置逐渐由弦杆半圆板处过渡到齿条齿面处，使得压差阻力急剧上升，对应拖曳水动力系数急剧增大，尤其是75°入射角更是达到最大；当入射角增大到90°时，尾涡区内形成对称且稳定的漩涡，该漩涡对弦杆后方产生了有效压力补充，从而使得压差阻力降低，表现为拖曳水动力系数下降。

第 3 章　拖航/就位工况下平台稳性研究

本章对自升式平台拖航工况进行数值建模，分析拖缆长度、吃水深度以及环境要素等对平台缆绳张力与平台运动稳性的影响，其次对就位工况的稳性分析划分为两个层次，首先分析降桩高度变化对平台稳性的影响，其次以特定降桩高度为系泊状态，分析环境要素、吃水深度与锚绞车收放缆对平台稳性的影响，最后建立锚泊定位系统优化数学模型，基于多目标优化法进行平台定位策略探讨。

3.1　拖航工况下平台稳性研究

通过 ANSYS/WorkBench 建立自升式平台拖航系统的水动力模型，并提交该模型数据文件给 ANSYS/AQWA 求解器，运用其 LINE、DRIFT 模块对拖航系统的稳性影响因素进行分析。

3.1.1　拖航系统数值模型构建

拖航系统是由拖船-拖缆-自升式平台组成的，其中拖缆直径为 56mm，线质量为 13.1kg/m，最小破断力为 2880N，等效截面积为 0.0025m²；拖船长为 36m，宽为 10m，吃水为 3.6m，方型系数为 0.61m。图 3.1 所示为自升式平台在进行拖航作业，该拖航系统由一个拖船通过拖缆拉着自升式平台前进，图 3.2 为其对应 AQWA 数值模型。模块中环境因素(风、浪、流)的方向如图 3.3 所示。

图 3.1　自升式平台拖航系统

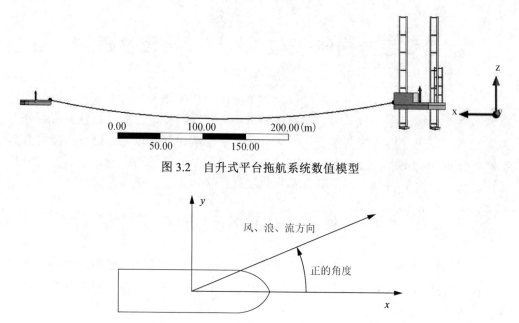

图 3.2　自升式平台拖航系统数值模型

图 3.3　AQWA 中的环境因素方向示意图

3.1.2　平台稳性影响因素分析

本节将分析包括拖缆长度、拖航时平台吃水情况及环境等主要因素对平台拖航稳性的影响。

1. 拖缆长度

拖航过程中，拖缆的长度应大于 300m 或 4 倍船长(取其小)，同时缆绳的布置应尽量水平。本节分析时分别取缆长为 300m、400m，观察不同缆长对拖航过程中拖缆力及平台横摇的影响，不同缆长状态下的拖航航行工况如表 3.1 所示。

表 3.1　不同缆长状态下的拖航航行工况

初始航速	平台吃水	风情况	浪情况	流情况
3m/s	4.8m	V=20m/s，α=180°	T=10s，H=1m，α=180°	V=0.51m/s，α=180°

图 3.4 为缆绳 在 300m、400m 缆长下的张力曲线，随着拖缆长度的增加，缆绳的张力曲线的波动变得缓和，尤其在运行 100s 后，400m 缆绳张力曲线波动幅度比300m 缆长时明显减小。因此，当平台在拖航过程中遇到恶劣海况时，可适当增加缆长以减少缆绳受到的张力极值，降低缆绳断裂的危险。

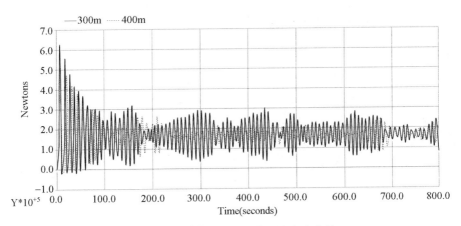

图 3.4　不同拖缆长度下缆绳的张力曲线

由图 3.5 可知，随着拖缆长度的增加，平台横摇曲线的波动变得剧烈，尤其在运行 200s 左右后，400m 缆长拖航时的平台横摇曲线振幅明显增大，说明在拖航时较长的缆绳对平台的约束力减弱。因此，在拖航时应综合考虑各因素，选取比较适中的拖缆长度以平衡拖航缆力极值与平台稳性之间关系。

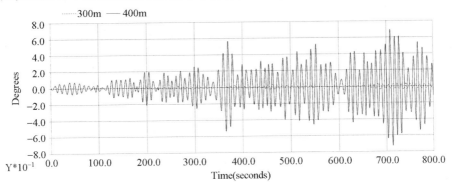

图 3.5　不同拖缆长度下平台的横摇曲线

2. 平台吃水

分别取平台吃水为 4.8m、5.1m，观察不同吃水对拖航过程中拖缆力和平台横摇的影响，平台不同吃水状态下的拖航航行工况如表 3.2 所示。

表 3.2　不同吃水下的拖航航行工况

缆长	初始航速	风情况	浪情况	流情况
400m	3m/s	V=20m/s，α=180°	T=10s，H=2.5m，α=180°	V=0.51m/s，α=180°

由图 3.6 可知，随着被拖平台吃水的增加，平台航行时受到的水动力阻力也相

应增加，即拖航系统的拖航缆力也随之变大。

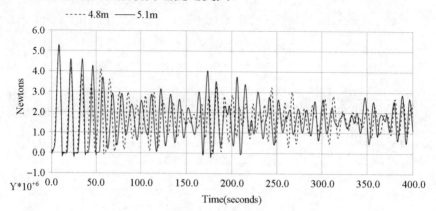

图 3.6　不同吃水下拖缆的张力曲线

由图 3.7 可知，随着被拖平台吃水的增加、重心的降低，平台航行时的横摇曲线明显缓和，说明吃水增加使平台受到的水动力阻力相应增加，平台的稳性得到提高，所以其横摇幅值明显下降。

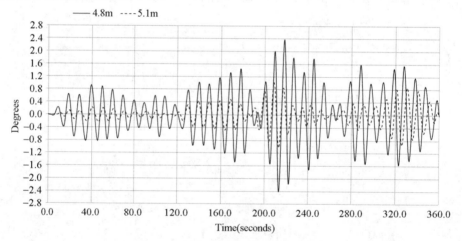

图 3.7　不同吃水下平台的横摇曲线

综上所述，当平台在拖航过程中出现稳性不足时可通过增加平台吃水来改善平台的稳性，在实际操作中可采用调整可变载荷、桩靴中灌水和降桩等方法实现，但需要注意减少压载舱中自由液面对平台垂向重心的影响。

3. 环境要素

分析环境因素对拖航系统的影响，分别取波高为 0.5m、1m、1.5m、2m、2.5m 五种工况，环境载荷方向分为 0°、180°，即随浪与顶浪两种工况，所以共有十种不同的环境工况。观察不同波高及环境载荷方向对拖航过程中拖缆力及平台稳性的影响，不同环境下的拖航航行工况如表 3.3 所示。

表 3.3　不同环境下的拖航航行工况

缆长	平台吃水	初始航速	风情况	浪情况	流情况
400m	4.8m	3m/s	V=20m/s	T=10s	V=0.51m/s

由图 3.8 可知，在随浪拖航运动过程中，被拖海洋平台的横摇速度曲线随着波高的增大而更加剧烈，各波高下的速度波动曲线周期相同且波动趋势一致，同时速度峰值的涨幅随着波高的增加而递增。由此可知在随浪拖航时随着波高的增加，平台的稳性变差，震荡更加剧烈。

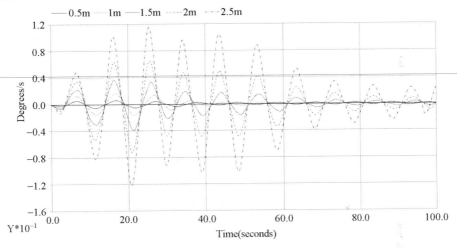

图 3.8　随浪时横摇速度随波高的变化曲线

由图 3.9 可知，在顶浪拖航运动的前 10s，各波高工况下的拖缆张力变化曲线基本一致，随后出现了第一个波峰，同时也是各波高下缆绳张力的最大值，基本都出现在运行 17s 左右时，该最大值随着波高的增大而相对变小。后续各运动波高下的缆绳张力振动曲线趋于平缓，且其振幅随着波高的增加而相对变大，即在 0.5m 波高下缆绳的张力振动曲线最平缓，2.5m 波高下张力振动曲线最剧烈。

由图 3.10 可知，顶浪时缆绳的最大张力值随着波高的增加而减小，平均张力则随着波高的增加而增加，尤其在波高从 2~2.5m 变化时，平均张力大幅增加，其他波高下张力变化趋势较缓和。

由图 3.11 可知，在顶浪拖航运动时，被拖海洋平台的纵摇曲线随着波高的增大而更加剧烈，各波高下的纵摇波动曲线周期相同且波动趋势一致，同时纵摇峰值的涨幅随着波高的增加而递减。由此可知在顶浪拖航时随着波高的增加，平台的稳性变差，震荡更加剧烈。

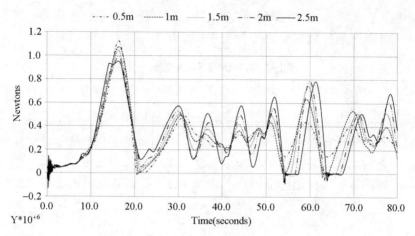

图 3.9　顶浪时拖航张力随波高的变化曲线

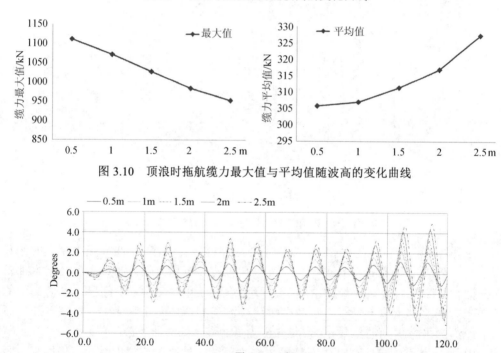

图 3.10　顶浪时拖航缆力最大值与平均值随波高的变化曲线

图 3.11　顶浪时纵摇随波高的变化曲线

　　在波高为 1.5m 时观察随浪与顶浪对平台横摇分量的影响，分析结果如图 3.12 所示，曲线分别为随浪、顶浪时的横摇波动曲线，随浪时平台的横摇曲线逐渐平缓，顶浪时平台的横摇逐渐增大直至 60s 时波动平稳，且顶浪时的横摇幅度始终大于随浪工况，可知随浪情况下拖航系统有较好的航向稳定性。

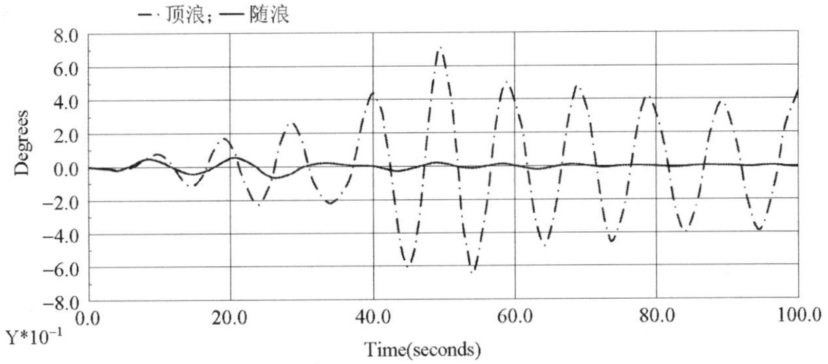

图 3.12　随浪与顶浪时平台的横摇曲线

综上所述，各工况下对拖航过程的运动分析结果均满足相关规范对平台稳性及缆绳张力的要求，验证了本节拖航稳性分析方法的可靠性。

3.2　就位工况下平台稳性研究

自升式平台拖航到井位后，桩腿要下放到一定位置，在各就位锚缆的辅助下，逐渐向生产平台靠近就位。首先对自升式平台就位工况进行锚泊系统时域耦合分析，其次对降桩过程中的平台稳性进行分析，并研究其系泊状态下运动响应及系泊缆力的变化规律，最后为平台锚泊系统的实时控制探索有效途径。

3.2.1　就位工况数值模型构建

由于平台可能受到来自任何方向风浪的袭击，所以需要具备全方位的抗偏移能力，因此，锚泊线的分布多是沿四周均匀分布或对称分布。该平台设计有四台锚机及其配套锚缆，布锚方式为各锚线方向与船艏方向线成 45° 夹角分布，如图 3.13 所示。

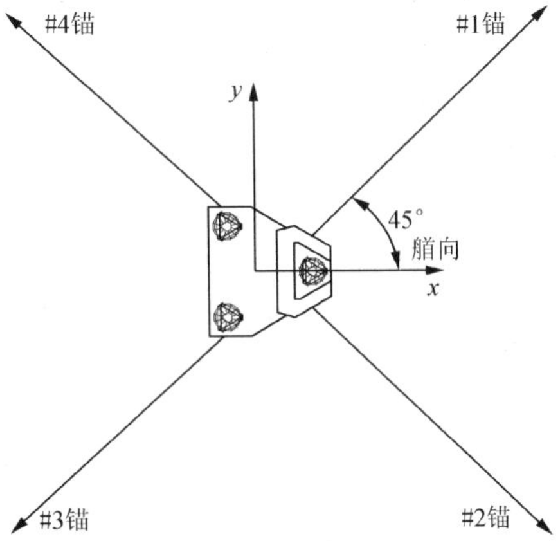

图 3.13　自升式平台系泊系统布置图

自升式平台系泊系统由 4 根钢丝绳系泊缆组成，系泊缆长度约为 500m，预张力 2t，据此建立的自升式平台系泊系统水动力模型如图 3.14 所示，系泊缆属性参数详见表 3.4。

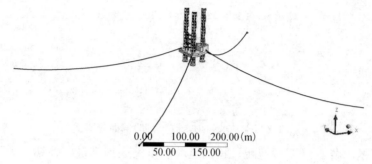

0.00　　100.00　200.00(m)
　　50.00　　150.00

图 3.14　自升式平台水动力模型

表 3.4　系泊缆主要材料属性

规格	长度 /m	直径 /mm	单位长度质量 /(kg/m)	等效截面积 /m²	刚度 EA /MN	最小破断力 /ton
Steel wire	500	38	6.28	0.0012	58.3	90

进行降桩稳性分析与绞车收放缆分析时，环境载荷方向为 X 轴正向施加，其他系泊状态下稳性分析计算时分别从 0°～180°每间隔 30°共七个方向施加环境载荷，环境载荷由风、浪、流联合作用。

3.2.2　降桩工况平台稳性分析

由前面的分析可知，进行降桩过程中平台稳性分析时，可以把桩腿下降这一动态过程静态化，现选取桩腿在下降过程中的几个典型位置进行计算，分别是桩腿下降位移为 0m，20m，40m，60m，80m 共五种工况。通过对平台这五种工况下锚泊系统进行时域耦合分析，可得到平台的实时运动响应，并预报锚泊系统的响应和动态系泊力，观察并讨论桩腿下降对平台稳性的影响。

1. 平台重心受力分析

以平台降桩位移 60m 情况为例进行加载分析，表 3.5 列出了平台重心相对于 Y 轴的受力情况，均值取 500～2000s 的数值平均。

表 3.5　各力相对于 Y 轴的扭矩

各力对 Y 轴扭矩/N·m	最大值	最小值	平均值（500～2000s）
静水压力	2.55×10^8	-2.6×10^8	1.43×10^6

各力对 Y 轴扭矩/N·m	最大值	最小值	平均值（500~2000s）
流载拖拽力	-2.6×10^3	-3.11×10^4	-1.41×10^4
风力	1.67×10^5	4.05×10^4	9.93×10^4
辐射力	6.7×10^7	-6.75×10^7	3.11×10^4
锚泊力	8.08×10^5	-5.57×10^6	-1.66×10^6
合力	1.08×10^8	-1.12×10^8	9.02×10^4

　　各力随时间的变化情况如图 3.15 所示，平台重心在相对于 Y 轴方向受到五个力的联合作用，分别为相对于 Y 轴方向的静水压力、流载拖拽力、风力、辐射力与锚泊力，它们共同构成了相对于 Y 轴的合力。静水压力与辐射力幅值较大，流载拖拽力与风力较小，其中静水压力是由海水压强产生的浮力与回复力矩组成的。

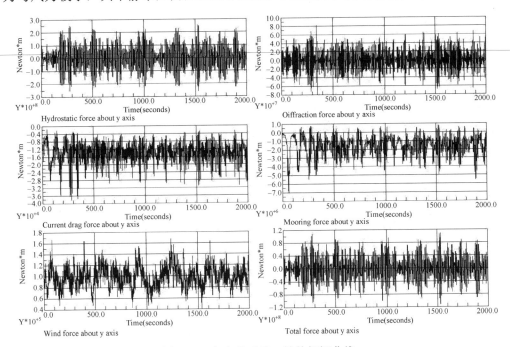

图 3.15　各力相对于 Y 轴的扭矩曲线

　　静水压力、流载拖拽力、风力、辐射力、锚泊力五个力在 Y 轴方向的合并受力曲线如图 3.16 所示，静水压力对合力影响最大，其次为辐射力，其他力影响很小；流载拖拽力、风力和锚泊力波动很小，整个运动过程中一直较平稳。

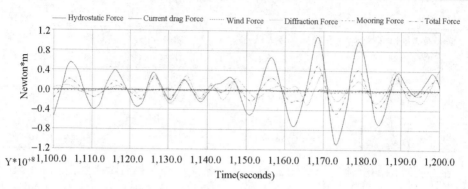

图 3.16   各力相对于 Y 轴的合并扭矩曲线

2. 平台运动响应分析

通过对平台就位过程中降桩位移分别为 0m，20m，40m，60m，80m 五种工况的分析求解，得到平台六分量位移与加速度的运动响应，如表 3.6 与图 3.17 所示。

表 3.6   就位降桩时平台六分量位移与加速度

降桩位移	分量项目	纵荡	横荡	垂荡	横摇	纵摇	艏摇
0 m	位移	16.6 m	1.9 m	0.69 m	0.14°	3.23°	4.57°
	加速度	0.224 m/s²	0.018 m/s²	0.32 m/s²	0.047 (°)/s²	1.811 (°)/s²	0.042 (°)/s²
20 m	位移	15.93 m	0.69 m	0.71 m	0.09°	4.12°	1.01°
	加速度	0.202 m/s²	0.026 m/s²	0.315 m/s²	0.119 (°)/s²	1.704 (°)/s²	0.068 (°)/s²
40 m	位移	15.86 m	0.57 m	0.72 m	0.11°	5.56°	0.95°
	加速度	0.169 m/s²	0.006 m/s²	0.308 m/s²	0.029 (°)/s²	2.347 (°)/s²	0.012 (°)/s²
60 m	位移	16.19 m	0.5 m	0.71 m	0.084°	3.3°	0.75°
	加速度	0.213 m/s²	0.006 m/s²	0.312 m/s²	0.018 (°)/s²	1.09 (°)/s²	0.011 (°)/s²
80 m	位移	17.73 m	4.6 m	0.72 m	0.23°	0.93°	12.59°
	加速度	0.19 m/s²	0.022 m/s²	0.32 m/s²	0.02 (°)/s²	0.39 (°)/s²	0.039 (°)/s²

根据表 3.6 与图 3.17 所示结果可知，除了垂荡运动的位移曲线与加速度曲线不符外，其他运动量的位移与加速度曲线运动趋势基本相符。垂荡运动的位移与加速度随着桩腿下降变化很小，整个过程中变化量不超过 5%，可见桩腿的下降对垂荡运动无明显影响。横荡与艏摇的位移与加速度随着桩腿的逐渐下降而先减小、后增大，在桩腿位移下降至 60m 时最小，后随着桩腿的继续下降而急剧增加，到桩腿位移降至 80m 时，横荡与艏摇的位移量分别为 60m 时的 9.2 倍和 16.8 倍。纵摇位移与加速度随着桩腿的逐渐下降而先增大、后减小，当桩腿位移降至 40m 时，纵摇位

移与加速度达到最大。纵荡位移也是随着桩腿位移的增大而先减小后增大,到达 80m 时为最大,纵荡加速度则比较平稳。横摇位移在桩腿 80m 位移时最大,横摇加速度则在 0m 位移时为最大,在 20～60m 的位移变化区间内位移与加速度值比较平稳。综合分析整个降桩过程中平台六个分量的位移与加速度值可知,桩腿在 0m 与 80m 位移为较危险工况,20m、60m 位移为安全工况,其中以 60m 位移工况为最安全工况。

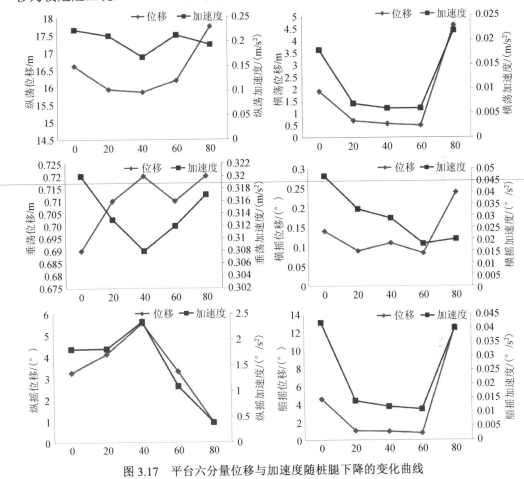

图 3.17 平台六分量位移与加速度随桩腿下降的变化曲线

在桩腿的下降过程中,平台的重量、吃水和稳心半径等保持不变,但重心不断下降,且浮心位置发生变化,所以平台的静稳性和初稳心高也发生变化。其中,在桩腿位移由 0m 刚开始下降的过程中,平台复原力臂增大,风倾力矩、惯性载荷减小,所以平台主要运动量的位移与加速度减小,此时平台受到的风载荷大于流载荷。在桩腿位移下降至 40m 时,风、流载荷对平台纵摇的作用效果最明显,此时,风、流载荷在纵摇方向上的叠加作用力最大,使平台纵摇位移与加速度达到最大。所以当平台桩腿位移降至 40m 附近时，应尽量避开同向的风、流载荷同时作用，避免平台纵摇过于剧烈。当桩腿继续下降，风载荷作用持续减弱，虽然流载荷作用持续加强，但桩腿在水中长度增加，使平台受到的阻尼力增加，纵摇位移与加速度也持续下降。当桩腿位移降至 60m 时，平台主要运动量降至或接近最低值，所以从平台六分量方面来考虑应使平台就位系泊时保持桩腿 60m 下降位移。当桩腿位移往 80m 接近时，平台的六分量除了纵摇分量外其他都快速增加，此时桩腿主要受到波流力与惯性力的作用，除了纵摇分量外的平台位移都达到最大。

接下来对降桩位移为 60m 工况下平台重心位移与加速度进行分析，得出位移与加速度的时间历程曲线，如图 3.18 和图 3.19 所示。由位移的时间历程曲线可知，平台重心大部分运动分量随时间推移而逐渐平稳，只有垂荡运动与纵摇运动保持运动幅值不变。运动量逐渐平稳说明该运动分量受阻尼力作用振幅逐渐下降，即该分量的初始震荡成分被阻尼作用消除，而纵摇、垂荡运动因环境载荷的持续作用而保持幅值不变。如图 3.19 所示，平台重心的横荡、艏摇和横摇运动分量加速度值随时间推移而逐渐减小直至平稳，这是因平台受阻尼力作用；纵摇加速度一直保持平稳且值较大，与平台该方向受到环境载荷的持续作用相关；纵荡与垂荡分量的加速度值一直保持平稳波动。

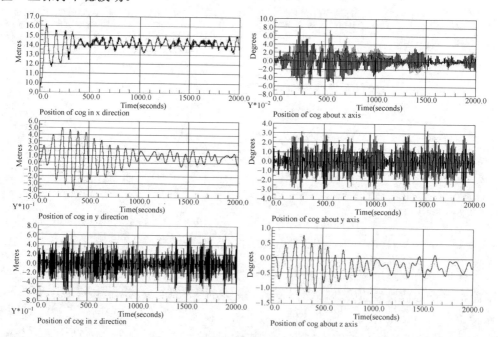

图 3.18　平台重心时间历程位移曲线

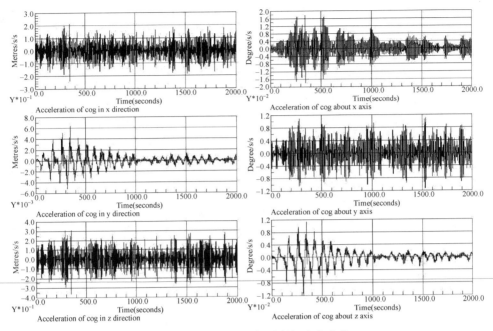

图 3.19　平台重心时间历程加速度曲线

3. 平台系泊缆力分析

分别对平台降桩位移为 0m，20m，40m，60m，80m 五种工况进行求解，得到平台四根系泊缆各工况下的最大张力与平均张力值，具体数值如表 3.7 所示。

由表 3.7 与图 3.20 可知，四根锚线的最大张力随着桩腿下降的变化趋势基本一致，其中最大张力值是#3 锚线出现在 80m 降桩工况下，为 515.8kN，是最大破断力的 57.3%；#1、#2 锚线最大张力变化曲线是先增大、后减小，然后再增大，#3、#4 锚线最大张力曲线与#1、#2 锚线区别出现于桩腿下降位移 0～20m 的区间内，此时 #3、#4 锚线最大张力呈下降趋势；四根锚线除了#1 锚线外其余的张力最大值都出现在桩腿位移 80m 处，四根锚线在 20m、60m 位移处的最大张力都处于较小值，桩腿位移 40m 时最大张力值也达到或接近最大值，所以从锚线最大张力的角度来看，应尽量避免桩腿下降高度长期停留在 80m 或者 40m，下降高度在 20m 或 60m 时比较适宜。四根锚线的平均应力变化不大，基本保持平稳，其中#1、#2 锚线的平均应力曲线向下凹，#3、#4 锚线的平均应力曲线向上凸。

表 3.7　就位降桩时系泊缆张力值

(kN)

降桩位移/m	#1		#2		#3		#4	
	最大值	平均值	最大值	平均值	最大值	平均值	最大值	平均值
0	17.21	13.3	17.22	13.43	460.7	107	433.1	99.62
20	18.91	12.85	17.84	12.89	394.2	113.6	391.3	106.6
40	22.56	12.81	22.39	12.83	489.8	119.3	453.4	112.2
60	18.2	12.91	17.81	12.92	414.6	114	384.5	107.1
80	20.87	13.34	23.58	13.86	515.8	110.2	489	103

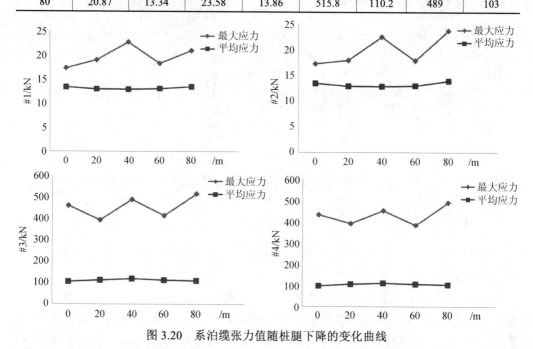

图 3.20　系泊缆张力值随桩腿下降的变化曲线

3.2.3　系泊状态平台稳性分析

本节研究自升式平台在系泊状态下的运动响应及系泊缆力的变化规律，参考系泊自升式平台运动响应试验建立数值模型并进行相关计算，同时利用试验结果对数值模型进行验证。

1. 平台运动响应分析

在就位工况系泊时钻井平台运动量与环境载荷、吃水深度有关。现保持系泊状态不变的情况下改变其吃水深度，然后分别从 0°～180°每次间隔 30°共七个方向施加环境载荷，环境载荷由风、浪、流联合作用。表 3.8 所示为就位工况系泊时平台的六个运动分量，由表可知，艏摇、纵荡、横荡量值较大，而垂荡、纵摇、横摇值比较小，所以在系泊时应采取措施来控制艏摇、纵荡、横荡的运动。

表 3.8　就位工况系泊时平台六分量表

	环境方向	纵荡/m	横荡/m	垂荡/m	横摇/(°)	纵摇/(°)	艏摇/(°)
轻载	0°	5	0.27	0.71	0.04	3.32	0.79
	30°	3.89	2.89	0.71	2.54	2.54	8.1
	60°	2.52	7.22	0.72	3.9	1.18	17.53
	90°	−3.56	7.09	0.73	4.37	0.75	20.66
	120°	−3.87	7.29	0.72	3.51	2.18	21.91
	150°	−6.47	7.27	0.69	1.42	3.05	16.35
	180°	−7.34	1.48	0.67	0.21	3.35	4.3
重载	0°	5.68	2.69	0.72	0.64	3.81	5.61
	30°	4.32	3.37	0.72	3.37	2.99	12.1
	60°	2.23	6.81	0.74	5.2	1.54	16.33
	90°	−5.33	7.12	0.7	5.69	1.09	20.99
	120°	−6.34	8.12	0.69	4.68	2.36	19.87
	150°	−6.7	6.96	0.63	2.15	4.01	17.96
	180°	−7.58	2.01	0.63	0.37	4.02	5.97

根据表 3.8 的分析结果与图 3.21 运动量变化曲线图可知，纵荡受环境载荷影响明显，当环境载荷由 0°～180°的转变过程中，纵荡值也由正到负不断变化，当环境载荷沿 x 轴负向时，轻载与重载的纵荡值分别达到最大，且重载时值比轻载时更大。横荡的最大值出现在 120° 环境载荷工况下，分别为 7.29m、8.12m。可见在 120° 时受到的横向力最大，由自升式海洋平台的外形可知，此方向时平台受力面积较大，更易受环境载荷影响。垂荡量级很小，最大值是 0.74m，最小值为 0.63m，相隔 0.11m，可见环境载荷方向变化对垂荡影响很小，且轻、重载工况的运动规律相同，说明载量的变化对垂荡运动影响很小。横摇的最大值出现在 90° 环境载荷工况下，分别为 4.37°、5.69°。纵摇的值随着环境载荷角度向 90° 靠拢而减小，在环境载荷沿着平台主体方向时，纵摇值都在 3.3～4.1，环境载荷垂直于平台主体方向时，纵摇值都达到最小，轻载与重载时分别为 0.75°，1.09°。艏摇的最大值为 21.91°，出现在轻载 120° 环境力工况下，其极值出现在 120° 附近与其大面积受到环境载荷作用有关，当环境载荷方向沿着船长方向时艏摇最小，当其垂直于船长方向时艏摇也比较大，这是因为建立的坐标系 z 轴并非是垂直投影面的中心线，两边受力不等。

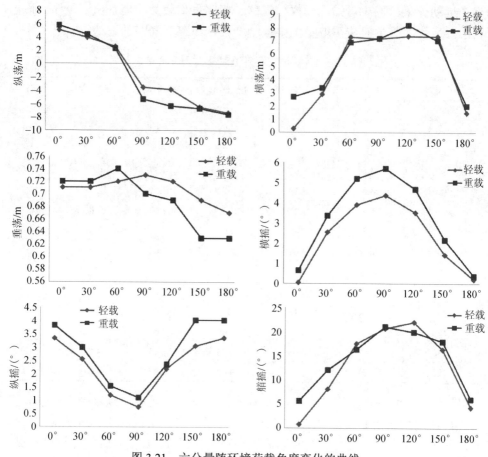

图 3.21　六分量随环境荷载角度变化的曲线

　　从运动量方面考虑可知应尽量选择轻载系泊，因为其运动响应更小，两者差异主要是因为吃水和附加质量两个因素；重载下吃水较大，整个系泊系统的各运动分量的阻尼系数较轻载的小，故重载系泊状态的运动响应相对更大。且由图 3.21 可知，在就位系泊工况时，平台受到横向波浪力而产生的运动响应大于受到纵向波浪力的响应，所以应尽量避免平台在遭遇横浪作用下进行降桩或升桩作业。

　　如图 3.22 所示为横荡运动分量的雷达图，可以清晰地看出横荡在环境载荷为 60°～150°出现较大值，并随着环境载荷角度向 120°靠拢而变大，且大部分都是重载的值较大。从上面的分析可知纵荡、横荡的最大运动量都出现在重载工况，因为钻井平台吃水深度加大，使得海流作用变大。鉴于横荡与纵荡的数值均较大，应考虑加大系泊张力等措施。

　　如图 3.23 所示为横摇运动分量的雷达图，可以清晰地看出横摇在环境载荷为

60°～120°出现较大值，并随着环境载荷角度向 90°靠拢而变大，且都是重载的值较大。

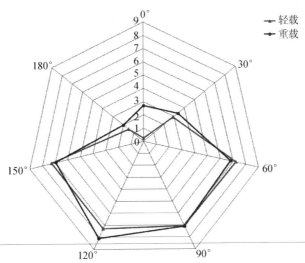

图 3.22　0°～180°环境载荷条件下平台横荡的雷达图

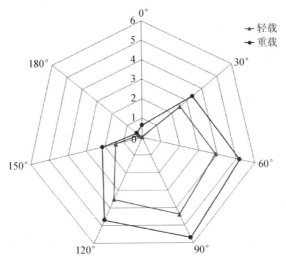

图 3.23　0°～180°环境载荷条件下平台横摇的雷达图

如图 3.24 所示为平台艏摇运动分量的雷达图，可以清晰地看出艏摇在环境载荷为 60°～150°出现较大值，大部分情况下，重载的艏摇值大于轻载，但最大值出现在轻载工况下。

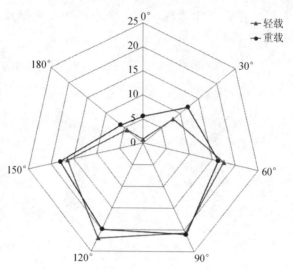

图 3.24　0°～180°环境载荷条件下平台艏摇的雷达图

2. 系泊缆力变化规律分析

本节将讨论自升式平台就位系泊状态下缆绳张力随环境载荷角度与吃水量的变化规律。系泊缆张力与其约束的海洋结构物的形状、动力参数，缆绳类型、布置、安装形式及海洋环境等因素有关。在保持其他条件不变的情况下，改变吃水深度与环境载荷方向，研究它们之间的相互关系与变化规律。

系泊缆绳在张力最大时是危险状态，所以本节只对缆绳的最大张力进行比较分析。在风、浪、流作用方向一致的前提下，在 0°～180°方向范围内每间隔 30°取七个方向，载量情况则分为 3.51m 吃水的轻载与 4.45m 吃水的重载，经过计算得表 3.9。可知，就位工况下钻井平台的单根缆绳最大载荷通常在 400～560kN 范围内变化，测得的最大缆绳张力为 557.9kN，出现在风浪流 60°方向联合作用于重载工况下。该值大约为缆绳设计破断力的 62%。

表 3.9　就位工况系泊缆最大张力表

(kN)

环境载荷方向	轻载工况				重载工况			
	#1	#2	#3	#4	#1	#2	#3	#4
0°	30.83	30.82	387.5	387	35.01	21.98	468.7	486.2
30°	32.85	31.06	458.4	222.8	35.16	38.33	530.2	306.6
60°	34.32	115.5	514.7	31.34	38.83	161.4	557.9	33.01
90°	172.6	270.3	412.1	34.48	314.4	467.7	542	192.7

续表

环境载荷方向	轻载工况				重载工况			
	#1	#2	#3	#4	#1	#2	#3	#4
120°	68.34	403.2	427	30.31	470.9	530.2	528.1	49.69
150°	334.3	418.4	246.9	28.52	438.4	546.7	235.5	24.89
180°	398.9	362.9	28.32	28.3	515.6	461	26.71	25.84

由图 3.25 可知轻、重载的四根系泊缆的最大张力随着环境载荷角度的变化规律相似，其中#2 缆绳的变化趋势基本相符，其余三根缆绳各有一个奇异点。#1、#2 缆绳的最大张力随着环境载荷角度增加而增加，#3 缆绳是先增加后减小，#4 缆绳则基本是下降趋势。当缆力处于 200kN 以下时，重载与轻载的各缆绳最大张力相差不大，#3 缆绳的最大张力常处于高位运行，这是因为#3 缆绳常处于迎浪方向，这需要引起设计与工程人员重视。整体结果比较符合理想趋势，即随着环境载荷方向的变化，迎向环境载荷方向的缆绳受力较大，背向的缆绳受力较小，且重载工况下缆绳最大张力基本都大于轻载工况下的张力，当张力变大时，其两者差值加大。

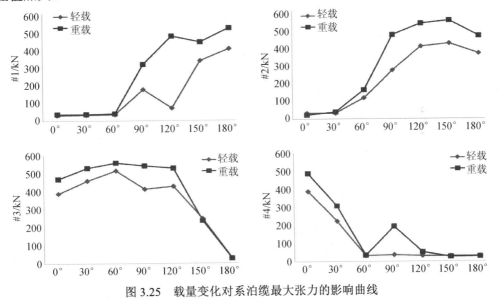

图 3.25　载量变化对系泊缆最大张力的影响曲线

#1、#2 系泊缆在 0° 角环境载荷时张力最小，因为平台在此环境载荷下纵荡偏向#1、#2 缆绳，所以平台受#3、#4 缆绳的约束力较大。同理，#3、#4 在 180° 角环境载荷时张力最小。#2、#3 系泊缆在 90° 角环境载荷附近时张力较大，也因此时平台横荡较大，其对平台约束力大，但该角度并不是这两根缆绳的最大受力角度，#2

系泊缆最大张力角度是在环境载荷 150° 时，因为此时其不仅受到横向作用力，还受到纵向的环境力。同理，#3 系泊缆在环境载荷 60° 角时张力最大。

　　综上所述，可以得出 120° 角是比较危险的角，需要增大缆绳的初张力。且由之前对自升式平台的运动响应分析可知：120° 角时整个系泊系统的响应最大，因此在就位系泊时应尽量避开此环境载荷角度。

　　此外，比较就位系泊工况的数值解和李龙祥《系泊自升式钻井平台运动响应试验研究》一文中试验值，发现总体运动趋势一致，两者吻合程度较好，验证了这里数值模型与就位系泊工况分析方法的可靠性。

　　3. 系泊缆张紧后运动响应分析

　　由之前分析可知，就位系泊工况的横荡、纵荡和艏摇的数值均较大，应考虑加大系泊张力等措施增强平台稳性。现在前述重载系泊工况的基础上收紧四根锚泊线，增加缆绳的系泊张力，然后进行分析得到平台运动响应，其六分量如表 3.10 所示。由表可知，收缆后最大横荡值为 4.02m，是之前最大值的 49.5%；收缆后的最大艏摇值是 13.33°，比之前最大值下降 36.5%。

表 3.10　系泊缆力增大后平台六分量表

环境方向	纵荡/m	横荡/m	垂荡/m	横摇/(°)	纵摇/(°)	艏摇/(°)
0°	4.24	2.68	0.72	0.6	3.75	6.35
30°	2.85	2.85	0.71	2.72	3.28	10.22
60°	2.17	3.21	0.73	4.96	1.66	9.76
90°	2.3	3.76	0.69	5.58	0.88	11.73
120°	-2.48	4.02	0.68	4.69	2.34	12.49
150°	-2.45	3.85	0.64	2.61	3.69	13.33
180°	-3.01	0.94	0.63	0.14	3.98	2.7

　　由图 3.26 可知，该钻井平台的运动响应在收紧缆绳后变小，六个运动分量基本都减小，其中之前振荡剧烈的横荡、纵荡和艏摇三个分量的值明显减小，垂荡、横摇与纵摇的值变化不大。收紧缆绳后，之前数值较大的运动分量下降明显，运动响应中数值较小的分量变化较小，即较危险的情况得到明显改善，说明当平台的环境运动响应较大时，收紧缆绳增大系泊张力是比较行之有效的手段。

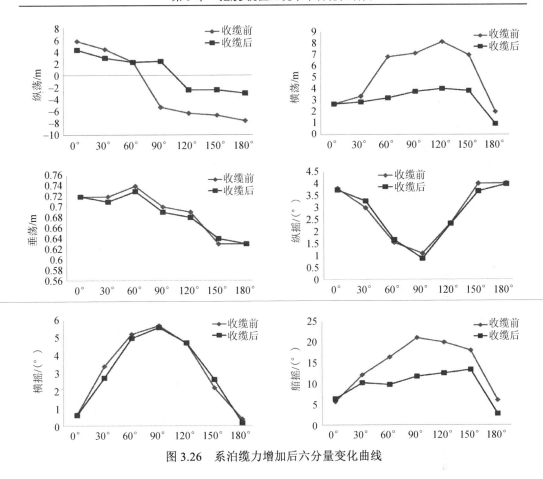

图 3.26   系泊缆力增加后六分量变化曲线

4. 绞车收放缆影响规律研究

AQWA/DRIFT 子模块可充分考虑绞车的收放缆对海洋平台运动的影响,可通过调整系泊缆长度实时调整海洋平台位移。自升式平台在精就位过程中使用锚泊系统就位的方式,实现平台的短距离调整与精确就位,同时增强平台的稳定性和耐波性,接下来进行绞车收放缆对系泊性能的影响分析。

1) 绞车的收放缆设置

研究绞车对系泊性能的影响,在分析至 800s 时#1 系泊缆、#2 系泊缆以 0.5m/s 的速度开始放缆(速度表示为正值),同时#3 系泊缆、#4 系泊缆以 0.5m/s 的速度开始收缆(速度表示为负值),放缆长度与收缆长度都为 5m,具体设置详见表 3.11。

表 3.11　绞车的收放缆设置

系泊缆	开始收放缆时间/s	速度/(m/s)	收放长度/m	最大张紧力/N
#1 系泊缆	800	0.5	5	9×10^5
#2 系泊缆	800	0.5	5	9×10^5
#3 系泊缆	800	−0.5	−5	9×10^5
#4 系泊缆	800	−0.5	−5	9×10^5

2) 系泊缆受力分析

表 3.12 为系泊缆张力统计，其中均值分别取 0～800s、810～1500s、0～1500s 的数值平均，分别代表收放缆前、收放缆后与整个运动过程中缆绳张力的平均值。图 3.27 为每根系泊缆的受力曲线，由于风载、浪载、流载是沿 X 轴正向施加，又因收放缆是沿 X 轴方向，所以#1 与#2 系泊缆，#3 与#4 系泊缆的受力曲线基本一致。在绞车收放缆之前，四根系泊缆受力曲线相似，这是由于四根系泊缆两两相邻成 90° 角均匀布置在海洋平台四周，并都与船艏方向线成 45° 夹角。收放缆时#1 与#2 系泊缆受力快速增大，#3 与#4 系泊缆受力则快速减小，待收放缆结束后，四根锚线的受力曲线立即平稳，且振幅相较于收放缆之前更平稳，#1 与#2 系泊缆的张力变化幅度大于#3 与#4 系泊缆，#1 与#2 系泊缆变化后的平均张力是变化前的 8.7 倍，#3 与#4 系泊缆变化后的平均张力是变化前的 40%；由该统计表与受力曲线可知，在系泊缆受力较平衡的基础上变动系泊缆长度时，其张力随着缆绳的增长而增大，且缆绳伸长造成的系泊缆张力涨幅高于缆绳缩短造成的张力降幅，由此可知系泊缆张力变化对缆绳变长更敏感。

表 3.12　系泊缆张力统计表

系泊缆	最大张力/kN	安全因子	平均张力/kN		
			0～800s	810～1500s	0～1500s
#1	578.1	1.56	63.2	550	288
#2	575	1.57	63.4	550	288.5
#3	336.5	2.68	63.7	25.5	45.8
#4	380.3	2.37	63.9	25.5	46.1

由系泊缆受力曲线图可以看出，结果符合理想趋势，即开始时张力振幅较大，后逐渐平稳，在收放缆时，系泊缆张力反应迅速，收放缆后其张力振幅快速稳定且变化幅度更小。但#1 与#2 系泊缆张力大幅增加，安全因子达到 1.56，略低于锚泊线张力最小安全系数 1.67，说明该收放缆参数需要优化，同时这也需要引起设计与

操作人员的足够重视，在海洋平台精就位收放缆过程中要实时关注收放缆参数对系泊缆张力的影响，避免造成系泊缆张力急剧增长而失效的情况。

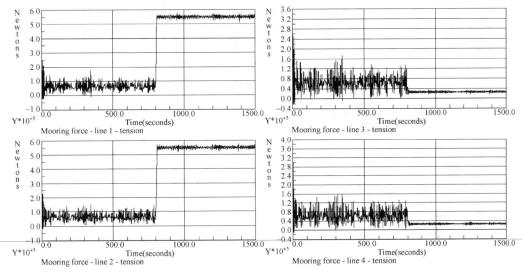

图 3.27　系泊缆时间历程受力曲线

3)平台主体重心位移分析

表 3.13 为平台主体重心位移值，其中均值取值方法与上述取均值方法相同，分别代表收放缆前、收放缆后与整个运动过程中的运动情况。图 3.28 为平台主体重心时间历程位移曲线。由分析结果可知，平台位移仅在收放缆方向(X 负向)发生了明显变化，平均位移由 0.34m 变为-6.26m，这说明单一方向的收放缆能够实现对平台主体有效的位移控制。

表 3.13　平台主体重心位移

位移	最大值	最小值	平均值		
			0~800s	810~1500s	0~1500s
纵荡/m	1.87	-7.15	0.34	-6.26	-2.70
横荡/m	1.55	-1.71	-0.02	-0.03	-0.02
垂荡/m	0.47	-1.15	-0.05	-0.05	-0.05
横摇/(°)	2.15	-1.78	0	0	0
纵摇/(°)	3.65	-3.02	0.05	0.05	0.05
艏摇/(°)	6.11	-5.81	0.04	0.02	0.05

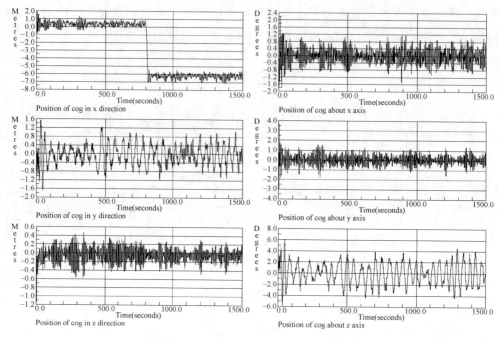

图 3.28　平台主体重心时间历程位移曲线

4) 平台主体重心速度分析

表 3.14 为平台主体重心速度值，图 3.29 为平台主体重心时间历程速度曲线。由此可知，各方向的速度在开始时比较震荡，后逐渐平稳；平台移动速度在收放缆的 X 方向反应迅速并能快速稳定下来，即 X 方向速度在 800s 时有明显变化，其他各方向速度无明显变化。

表 3.14　平台主体重心速度

速度	最大值	最小值	平均值		
			0～800s	810～1500s	0～1500s
纵荡速度/(m/s)	3	−2.18	2.55×10^{-3}	-4.63×10^{-3}	-3.11×10^{-3}
横荡速度/(m/s)	0.65	−0.79	-1.37×10^{-4}	6.55×10^{-4}	-3.09×10^{-4}
垂荡速度/(m/s)	0.55	−0.6	1.58×10^{-3}	-7.31×10^{-5}	-8.39×10^{-6}
横摇速度/(°/s)	1.19	−1.78	5.47×10^{-4}	-2.76×10^{-4}	-5.92×10^{-6}
纵摇速度/(°/s)	3.78	−4.41	9.4×10^{-4}	-5.09×10^{-4}	-4.9×10^{-4}
艏摇速度/(°/s)	1.77	−2.33	6.55×10^{-3}	-2.98×10^{-3}	1.75×10^{-3}

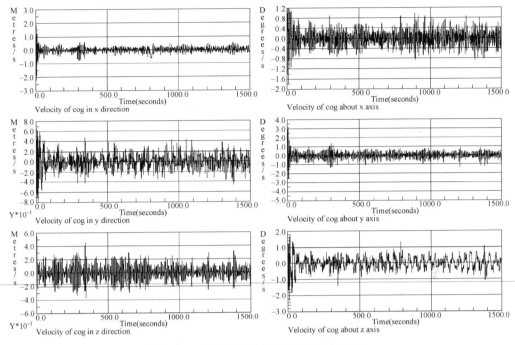

图 3.29　平台主体重心时间历程速度曲线

3.3　基于多目标优化的平台定位方法探讨

本节将在自升式平台锚泊系统时域耦合分析的基础上，建立反映自升式平台锚泊系统动力响应的多目标优化模型，应用水动力软件 ANSYS/AQWA 联合多学科优化软件 Isight 的研究方法，对系泊缆长度进行优化，研究平台的最佳定位方法，寻求锚泊系统最佳控制策略。

3.3.1　定位系统优化模型构建

对于在海上作业时的船舶或海洋工程结构来说，精准地定位和运动控制是非常重要的，一般海上活动平台的定位方式包括动力定位与锚泊定位。由对自升式平台锚泊系统时域耦合分析的研究可知：合理的收放缆是控制平台运动的有效途径，即正确的控制策略是快速定位平台的关键。为此，在保障平台海上作业安全的前提下，寻解最优的系泊缆长度及其控制策略，以实现平台的最佳定位方法。

ANSYS/AQWA 本身不具有优化功能，现联合多学科优化软件 Isight 进行锚泊系统优化研究，但两者相互之间并不能直接访问，为此开发了 AQWA-Isight 接口，为联合优化打通通道。CAD/CAE 技术的出现大大加速了"设计-评估-改进"这一传统工程设计的循环周期，其中 CAD 技术加快了设计、装配和出图的过程，CAE 技术则减少了大量的模拟试验；多学科优化软件 Isight 能够集成通用 CAD/CAE 和自编软件的多学科联合仿真，实现传统手工设计、分析和优化流程的自动化与标准化，同时可完成多种方案的自动评估比较，最大限度地重用模型、流程及知识，提高设计效率并缩短研发周期。

Isight 具体技术原理如图 3.30 所示，其通过一种搭积木的方式能够快速地继承和耦合各种仿真软件，其通过修改仿真软件的输入文件来完成模型修改，自动运行仿真软件并重启设计流程，实现了设计流程的数字化、自动化，与传统算法相比更加优质和高效。

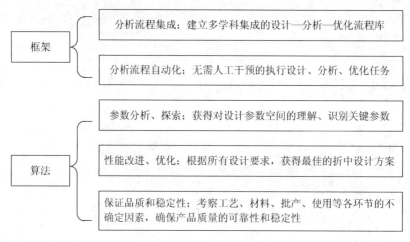

图 3.30　Isight 技术原理图

通过对多学科优化软件 Isight 的研究和学习，发现可运用其 Simcode 程序集成组件开发程序间的接口。同时，与 AQWA 联合优化的接口须根据 AQWA 模块的特征进行开发，AQWA 的结构如图 3.31 所示。

图 3.31　AQWA 解析组成

AQWA 模块通过 ASCII 和二进制两种文件实现输入及输出。其中输入文件 DAT-ASCII 包括模型定义与参数分析，应用于全部的 AQWA 工程；输出文件 LIS-ASCII 包括模型定义、参数分析与结果分析。

AQWA-Isight 联合优化接口结构如图 3.32 所示。AQWA 模块允许对输入文件进行编辑并提交分析，这为制作模板文件提供了途径；*.lis 输出文件包含分析结果，但其不能被 Isight 直接读取，因此将提取分析结果以*.txt 文档形式输出。

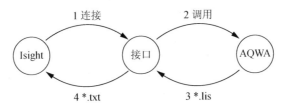

图 3.32　AQWA-Isight 联合优化接口结构示意图

基于 ANSYS/AQWA 对自升式平台锚泊系统的时域耦合分析，联合多学科优化软件 Isight，借助开发的专用 AQWA-Isight 接口，对平台锚泊系统进行优化研究，其具体流程如图 3.33 所示。

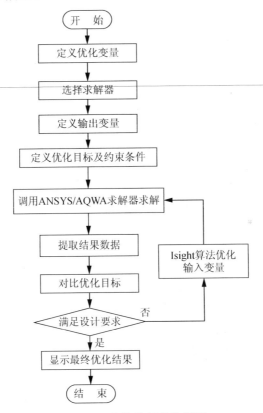

图 3.33　优化分析的流程图

(1)优化变量：锚泊系统的优化变量有很多，如系泊缆的长度、系泊缆的数目与布置、系泊缆与船艏的相对夹角、系泊缆的预张力、锚距导缆孔的水平距离等。对锚泊系统进行优化设计的前提是选取合适的优化变量，构造要达到的目标和优化变量的函数关系，同时在满足约束条件的情况下进行优化求解，从而得到锚泊系统的最优设计方案。根据上述对锚泊系统的研究可知，控制系泊缆的收放是控制平台运动的一种有效方法，故选取系泊缆长度为优化变量，定义 AQWA 输入文件(*.dat 文件)为模板文件，并将其中系泊缆长度参数化。

(2)求解器选择：所用求解器即 AQWA-Isight 联合优化，其功能如图 3.32 所示，Isight 软件经接口调用 AQWA 求解器对自升式平台锚泊系统进行时域耦合分析，输入为*.dat 文件，输出为*.lis 文件，又经接口转化为 Isight 软件可读取的*.txt 文件。

调用 AQWA 进行计算的主要程序代码如下：

```
Private Sub AQWACal()  '启动计算程序
Dim p As System.Diagnostics.Process  'Process 组件提供对正在计算机上
运行的进程的访问
p = New System.Diagnostics.Process()
p.StartInfo.FileName = aqwaLocation  '设置要启动的应用程序
p.StartInfo.UseShellExecute = False  '不使用操作系统 shell 启动进程
p.StartInfo.Arguments = datLocation  '设置启动应用程序时要使用的命令
行参数
p.Start()  '启动此 Process 组件的 StartInfo 属性指定的进程资源，并将其与
该组件关联
......
```

(3)输出变量：经求解器分析计算可得自升式平台六个运动分量的平均位移，分析结果依次为 surge(x)、sway(y)、heave(z)、roll(x)、pitch(y)和 yaw(z)，将该六个运动分量分别设置为求解器的输出变量。

(4)优化目标和约束条件：目标平台的优化目标及约束条件如下：

$$\begin{cases} \text{优化目标：} \min|X-x|; \min|Y-y| \\ \text{优化变量：} 255m \leqslant m_i \leqslant 287m \ (i=1,2,3,4) \\ \text{约束条件：} |RX| \leqslant 1°; |RY| \leqslant 1°; RZ < 1°; Z \geqslant -1m \end{cases} \tag{3.1}$$

式中，X、Y 为平台主体实际质心位移，x、y 作为预设的平台主体位移目标，本章设 4 组分别位于不同坐标象限的位移目标进行优化试算，组 1(4，4)，组 2(2，-6)，组 3(-5，-7)，组 4(-4，2)；Z 为平台主体在垂荡方向上的位移；RX 为平台主体的横摇位移；RY 为平台主体纵摇位移；RZ 为平台主体艏摇位移；m_i 为 4 根系泊缆的长度。由此可知，自升式平台锚泊系统的优化是一个 4 变量 2 目标的多目标优化设计问题，它以自升式平台主体稳定和锚泊系统安全作业为前提，通过求得最优解来实现多目标的优化问题。

3.3.2　优化结果分析与讨论

将自升式平台锚泊系统 4 根系泊缆的长度作为输入变量，以平台 X、Y 方向的

位移(纵荡 X、横荡 Y)作为最终优化目标，其余四个运动分量的位移(垂荡 Z、横摇 RX、纵摇 RY、艏摇 RZ)作为优化的约束条件，建立自升式平台锚泊系统的优化算例。根据目标函数不同进行了四组优化研究，各组的优化目标及约束条件见表 3.15，求解平台在稳定性要求下的最优系泊缆长度及平台最终位移。

表 3.15　优化结果

名称	X/m	Y/m	Z/m	RX/(°)	RY/(°)	RZ/(°)	m_1/m	m_2/m	m_3/m	m_4/m
组 1	3.989	3.986	−0.014	−0.010	−0.040	0.179	269.83	272.49	273.94	266.53
组 2	2.025	−6.010	−0.015	0.018	−0.055	−0.810	277.32	269.62	264.21	274.43
组 3	−4.969	−7.034	−0.021	−0.005	−0.010	0.981	281.50	270.32	260.94	267.99
组 4	−3.996	1.945	−0.016	−0.022	−0.039	−2.690	274.90	275.67	266.23	262.87

图 3.34 所示为四组优化算例所得平台主体位移优化结果与目标位移的偏差散点图，由图可知，在系泊缆达到最优长度时，所得平台主体位移响应结果与目标位移偏差很小；在得到的位移结果中与目标值的最大偏差为 0.055m，满足工程要求，即如图中所示结果值与目标值基本重叠，可见这里所用优化分析方法精度较高。且该定位优化方法计算迅速，在工程实际中可用以实时控制平台的短距离移位与精确就位，有着重要的工程实际意义。

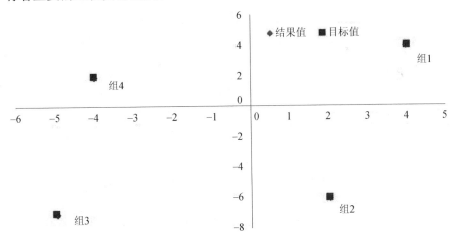

图 3.34　平台主体位移响应结果与目标位移偏差散点图

第4章 插/拔桩工况下桩土作用机制

本章首先对现有插桩阻力公式与拔桩阻力理论计算公式进行关系梳理，其次采用 CEL 有限元法来模拟插/拔桩过程中插/拔桩阻力与土壤流动机制规律，并对其影响因素进行探讨，最后基于理论公式与数值模拟的研究成果，开发针对插/拔桩工况的集成分析平台并给出工程应用实例。

4.1 插/拔阻力理论计算

插桩阻力与土壤极限承载力是相互作用力关系，拔桩阻力与土壤极限抗拔力亦是如此，本章对两种表述不做严格区分。

4.1.1 插桩阻力公式

1. 单层土插桩公式

1）均质黏土

在均质黏土中，地基承载力的计算一般采用 Skempton 公式，按照土体流动情况可以分为完全回填和非完全回填两种情况。完全回填时，极限承载力采用公式(4.1)计算；非完全回填时，极限承载力采用公式(4.2)计算。

$$q_u = N_c S_u + \gamma' \frac{V}{A} \tag{4.1}$$

$$q_u = N_c S_u + \gamma' D \tag{4.2}$$

式中，q_u 为极限承载力，kPa；N_c 为承载力系数，对于圆形桩靴采用公式 $N_c = 6(1 + 0.2D/B) \leqslant 9$ 计算，对于方形桩靴采用公式 $N_c = 5(1 + 0.2D/B)(1 + 0.2B/L) \leqslant 9$ 计算（L 为桩靴长度，B 为桩靴宽度；D 为桩靴计算断面到海底泥面的距离），A 为桩靴最大截面积，m^2；S_u 为桩靴计算断面以下二分之一桩靴半径范围内的土体平均不排水剪切强度，kPa；γ' 为土体有效容重；V 为桩靴排开土的体积，m^3。

经典 Skempton 公式未考虑桩靴形状系数和深度系数对插桩阻力的影响，因此部分学者对其进行了修正，公式如下：

$$q_u = N_c S_u + \gamma H' + \gamma' \frac{V}{A} \tag{4.3}$$

式中，γ 为土体天然重度；H' 为桩靴最大截面到土体表层距离，m。

之后，Houlsby 和 Martin 又将抗剪强度随深度变化率这一参数考虑进公式中，同时假设该变化率为定值，即土体不排水抗剪强度随深度线性增加。不考虑回填时，极限承载力采用公式(4.4)计算；考虑回填时，极限承载力采用公式(4.5)计算。

$$q_u = N_{co}S_u + \gamma'_{H'}H' + \gamma'\frac{V}{A} \tag{4.4}$$

$$q_u = N_{co}S_u + \gamma'\frac{V}{A} \tag{4.5}$$

式中，γ'_H 为插桩深度为 H' 时桩靴排开土的有效容重；N_{co} 为承载力系数，可按下述公式进行计算。

$$N_{co} = N_{coa} + \frac{\alpha}{\tan\left(\dfrac{\beta}{2}\right)}\left[1 + \frac{1}{6\tan\left(\dfrac{\beta}{2}\right)}\frac{B\rho}{S_u}\right] \tag{4.6}$$

$$N_{coa} = N_{coo}\left[1 + (0.212\alpha - 0.097\alpha^2)\left(1 - 0.53\frac{D}{D+B}\right)\right] \tag{4.7}$$

$$N_{coo} = N_1 + N_2\frac{B\rho}{S_u} \tag{4.8}$$

$$N_1 = 5.69\left[1 - 0.21\cos\left(\frac{\beta}{2}\right)\right]\left(1 + \frac{D}{B}\right)^{0.34} \tag{4.9}$$

$$N_2 = 0.5 + 0.36\left[\frac{1}{\tan\left(\dfrac{\beta}{2}\right)}\right]^{1.5} - 0.4\left(\frac{D}{B}\right)^2 \tag{4.10}$$

式中，α 为桩靴摩阻；β 为桩靴圆锥角度；ρ 为土体抗剪强度随深度变化率。

2) 均质砂土

桩靴在均质砂土中的插桩阻力计算一般采用 Terzaghi 和 Peck 提出的公式：

$$q_0 = 0.3\gamma_1 B N_r + \gamma_2 D(N_q - 1) + \gamma'\frac{V}{A} \tag{4.11}$$

式中，γ_1 为桩靴计算断面下二分之一桩靴半径范围内土的平均有效容重；γ_2 为桩靴计算断面到海底泥面范围内土的平均有效容重；N_q 和 N_r 为承载力系数，$N_r = 2(N_q + 1)\tan\varphi$，$N_q = \mathrm{e}^{\pi\tan\varphi}\tan^2\left(\dfrac{\pi}{4} + \dfrac{\varphi}{2}\right)$，$\varphi$ 为土体摩擦角。

2. 多层土插桩阻力公式

一般海底地基多为层状，此时承载力的计算非常复杂，因为需要同时考虑每一层土的参数和每层土之间的影响。在实际插桩作业中，平台经常会遇到一种称为"鸡蛋壳"的地层，这种土层的特点为：上土层的抗剪强度相对于下土层强度较大；上卧土层的厚度较小。当桩靴插入上土层时，平台也许能够稳定工作，然而在动态环境载荷和下土层的影响下，桩腿很可能穿透硬土层进入软土层，造成平台严重倾斜，即常见的"刺穿"现象。目前理论研究主要有如下几种常用方法。

1) Brown 和 Meyerhof 法

该公式主要适用于上硬下软的黏土层。

$$q_u = \left(3S_{ut}\frac{H}{B} + 6S_{ub}\right) + \gamma'\frac{V}{A} \tag{4.12}$$

式中，S_{ut} 为上卧硬黏土层的不排水剪切强度；S_{ub} 为下卧软黏土层的不排水剪切强度；H 为桩靴到土层分界面的距离。

2) Hanna 和 Meyerhof 法

Hanna 和 Meyerhof 公式适用于上卧层为砂土、下卧层为黏土的地基。该方法假设桩靴插入砂土层后，土体发生垂直剪切破坏。当桩腿继续下移，基础与土层分界面处的土体一同进入黏土层，使其发生弹塑性变形。此时基础下方的硬土层受到基础压力、周围被动土压力以及软土层支撑反力的同时作用，根据极限平衡方程可得出地基承载力公式。式 (4.13) 为桩靴完全进入砂土层时的计算公式，式 (4.14) 为桩靴部分进入砂土层时的计算公式。

$$q_u = 6S_u + 2\gamma't^2(1 + 2D/t)K_s\tan\varphi/B + \gamma'V/A \tag{4.13}$$

$$q_u = 6S_u + 2t(t\gamma_1 + 2\gamma_2')DK_s\tan\varphi/B + \gamma'V/A \tag{4.14}$$

式中，t 为上卧砂土层的厚度；γ_2' 为桩靴计算断面以上土体有效容重；K_s 为冲剪系数，其值大小由砂土的内摩擦角和黏土与砂土的承载力之比决定，具体取值见图 4.1。

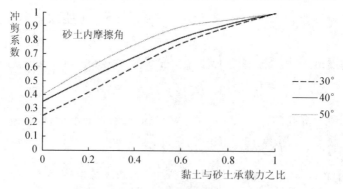

图 4.1　冲剪系数取值

3) 投影面积法

投影面积法同样一般适用于压缩模量比值不小于 3 的上硬下软的黏土层，其原理为：将桩靴在硬土层中所受的载荷以 θ 角投影到软土层表面作为一个等效基础面，如图 4.2 所示。

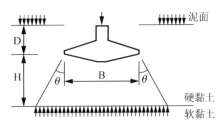

图 4.2　投影面积法计算示意图

等效基础所承受的载荷用来做穿刺分析，其公式为

$$q_u = 6S_u\left[1 + \frac{0.2(D+H)}{B+2H\tan\theta}\right]\left(\frac{B+2H\tan\theta}{B}\right)^2 + \gamma'A \tag{4.15}$$

式中，θ 为压力扩散角，是分析穿刺和预测插桩深度的重要参数。实际计算中，一般采用 Young 和 Focht 建议的 18.4°，即 $\tan\theta = 1/3$。

4.1.2　拔桩阻力公式

自升式平台在某一区域完成指定工作后，需要进行拔桩作业。影响拔桩阻力的因素有很多，如平台重力、桩周围土体性质以及桩靴形状尺寸等，主要可总结为以下四部分：桩靴底部吸附力、桩腿侧摩阻力、桩靴上部覆土压力和桩靴周围土体发生变形时的剪切破坏力。目前，针对平台拔桩阻力的研究主要有以下几种公式。

1. 基本计算公式

如图 4.3 所示，拔桩阻力分为三部分：侧摩阻力，上覆土压力和桩的自重。计算公式为

$$P_o = Q_s + Q_b + W_c \tag{4.16}$$

式中，Q_s 为侧摩阻力，其值按照桩基规范中的公式 $Q_s = \xi\sigma$ 计算，ξ 为负摩阻力系数，σ 为土体竖向有效应力；W_c 为桩体自重，其长度范围规定从地面到桩靴最大截面；Q_b 为桩靴抗拔承载力，在黏土中的计算方法为公式(4.17)，在砂土中的计算方法为公式(4.18)。

$$Q_b = \frac{\pi}{4}(B^2 - d^2)N_c\omega S_u \tag{4.17}$$

$$Q_b = \frac{\pi}{4}(B^2 - d^2)\overline{\sigma_v}N_q \tag{4.18}$$

式中，d 为桩腿直径；N_c、N_q 为承载力因素；ω 为抗剪强度折剪系数；$\overline{\sigma_v}$ 为上覆土压力。

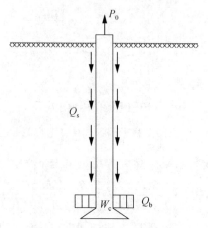

图 4.3　基本公式法计算示意图

2. 桩基规范公式

我国桩基计算规范(JGJ 94—2008)中规定，桩的抗拔极限承载力为

$$P_u = \frac{1}{2}T_{uk} + G_p \tag{4.19}$$

式中，G_p 为基桩自重，地下水位以下取其浮重度；T_{uk} 为基桩的抗拔极限承载力标准值，其值按公式(4.20)计算

$$T_{uk} = \sum \lambda_l q_{sik} u_l l_l \tag{4.20}$$

式中，u_l 为计算周长，按照表 4.1 取值；q_{sik} 为桩侧表面第 i 层土的抗压极限侧摩阻力标准值；λ_l 为抗拔系数，对于砂土，其取值范围一般是 0.5~0.7，对于黏土，其取值范围一般是 0.7~0.8；d 为桩腿直径。

表 4.1　桩身周长取值

自桩底起算的长度 l_l	$\leqslant (4 \sim 10)d$	$> (4 \sim 10)d$
u_l	πB	πd

3. 圆柱面剪切法

该方法假设平台拔桩时在桩靴上部一定范围内土体剪切直径等于桩靴最大直径，而且超出此范围的侧摩阻力不受影响，如图 4.4 所示。对这两部分分别套用桩基规范计算公式，进而两者相加得出最终结果，公式如下：

$$P_u = U_{s1} + U_{s2} + G_p + W_s \tag{4.21}$$

$$U_{s1} = \sum \lambda_i q_{sik} \pi d l_{i1} \tag{4.22}$$

$$U_{s2} = \sum \lambda_i q_{sik} \pi B l_{i2} \qquad (4.23)$$

式中，U_{s1} 为桩靴高度 H 及其影响范围 H'（$H' \leqslant 8B$）以上部分的侧摩阻力标准值；U_{s2} 为桩靴高度 H 及其影响范围内的侧摩阻力标准值；W_s 为桩靴影响范围内的土体有效自重；

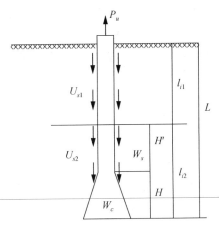

图 4.4　圆柱面剪切法

4. 扩大系数法

扩大系数法与圆柱面剪切法相似，上拔力同样由桩靴和桩腿处的侧摩阻力构成。不同点在于扩大系数法中桩靴考虑了上覆土重和旁压的共同作用，这种作用是通过桩靴扩大系数和旁压扩大系数来反映的；此外，扩大系数法不再考虑桩靴影响范围对上拔力的影响。计算简图见图 4.5。

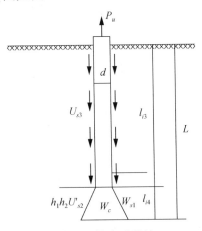

图 4.5　扩大系数法

扩大系数法计算公式如下：

$$P_u = U_{s3} + U_{s4} + G_p + W_{s1} \tag{4.24}$$

$$U_{s3} = \sum \lambda_i q_{sik} \pi dl_{i3} \tag{4.25}$$

$$U_{s4} = \eta U'_{s2} = \eta_1 \eta_2 U'_{s2} \tag{4.26}$$

式中，U_{s3} 为侧摩阻力标准值；U_{s4} 为抗拔阻力标准值；W_{s1} 为桩靴高度范围内的土体有效自重；l_{i3} 为桩靴以上长度；η_1 为桩靴扩底系数，一般取值 1.5；η_2 为旁压系数，一般取值 2；U'_{s2} 为桩靴侧摩阻力标准值，可按下式计算：

$$U'_{s2} = \sum \lambda_i q_{sik} \pi Bl_{i4} \tag{4.27}$$

式中，l_{i4} 为自桩底起算的长度，$l_{i4} \leqslant H$。

5. 工程兵学院公式

工程兵学院公式认为拔桩阻力主要由以下几部分组成：桩靴向上延伸拔桩范围内的土黏聚力、被动土压力产生的摩阻力、基础自重和土体自重。计算公式为

$$P_u = W_{s2} + W_c + \pi BcL + \pi S_r d\gamma(2L - H)K_u \tan\varphi \tag{4.28}$$

式中，c 为土黏聚力；L 为上拔计算桩长；S_r 为决定被动土压力值的形状系数，一般取为 1.2244；H 为临界深度，一般取为 $1.5D \sim 2.5D$；K_u 为标定上拔系数，可由下列公式确定：

$$K_u = 0.496(\varphi)^{0.18} \tag{4.29}$$

6. Meyerhof-Adams 法

Meyerhof-Adams 法其实是圆柱面剪切法的一种扩展。圆柱面剪切法将土体变形简化为沿桩靴最大截面直径的剪切破坏，而 Meyerhof-Adams 认为土体变形则是一种倒圆台的剪切破坏并通过标定上拔系数 K_u 将二者联系起来。计算简图如图 4.6 所示。

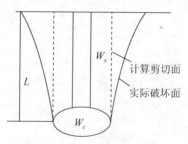

图 4.6　Meyerhof-Adams 法

Meyerhof-Adams 法按照对象的不同分两种情况进行计算：浅基础［公式(4.30)］和深基础［公式(4.31)］。当上拔计算长度 L 小于临近深度 H 时，这种桩称为浅基

础，反之，则为深基础。

$$P_u = W_c + W_{s3} + \pi BcL + \frac{\pi}{2} S_r B \gamma L^2 K_u \tan\varphi \qquad (4.30)$$

$$P_u = W_c + W_{s3} + \pi BcL + \frac{\pi}{2} S_r B \gamma (2L - H) H K_u \tan\varphi \qquad (4.31)$$

式中，W_{s3} 为桩靴竖直圆柱面的土体自重。

4.2 自升式平台插/拔桩数值模拟分析

在自升式平台插/拔桩有限元计算方法中，采用拉格朗日法建立的数值模型由于受到几何、边界和材料非线性等特性的影响容易造成计算结果的不收敛。为此，本节采用 CEL 有限元法来模拟平台插/拔桩过程，研究多种因素对插/拔桩阻力的影响，并对土体流动失效机制进行了分析。

4.2.1 插/拔桩数值模型构建

1. 网格模型构建

由于欧拉-拉格朗日耦合法只能应用于三维模型，且在实际插/拔桩过程中，土体具有对称性，因此为节约计算成本，选取土体的四分之一作为计算模型使用。桩靴最大断面直径为 6m（图 4.7），为消除计算边界的影响，土体尺寸选为 6 倍桩靴直径。同时采用欧拉单元 EC3D8R 离散，可以解决土体大变形所导致的网格扭曲与计算结果不收敛。相比于土体的大变形，桩腿和桩靴的变形非常小，将其设置为刚体并采用拉格朗日网格进行离散。

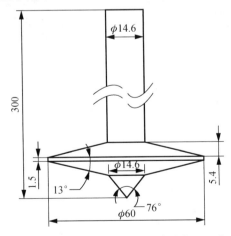

图 4.7 桩靴模型及尺寸（长度单位：dm）

在插桩作业开始和拔桩即将结束时，桩靴会将表面土壤挤压并在其周围形成一定程度的隆起。因此，为了真实模拟插/拔桩过程中土壤流动，在土壤网格的上方添加一定尺寸的材料属性为空的欧拉单元来给土体材料向上运动提供空间。由于桩靴处的土体受力和变形较大，远离桩靴处的土体扰动很小，所以在对土体进行网格划分时，靠近桩靴插入范围的土体网格加密，其余网格由内而外尺寸逐渐增大，插桩几何模型和数值模型如图 4.8 所示。拔桩的数值模型与插桩类似，区别在于建立拔桩模型时需要首先将桩靴埋置于土体一定深度。考虑到在整个平台进行拔桩作业过程中，最大阻力出现在桩靴完全脱离底部土壤之前，此时研究多层土影响不大，因此这里仅选取单层土作为拔桩问题研究对象。拔桩几何模型和数值模型如图 4.9 所示。

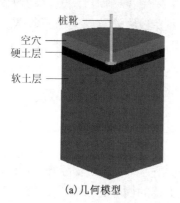

(a) 几何模型

图 4.8　插桩模型

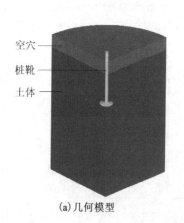

(a) 几何模型

(b) 数值模型

图 4.9　拔桩模型

这里使用 Von-Mises 模型作为土壤本构模型，其所需输入参数有弹性模量 E、泊松比 ϑ 和屈服应力。具体土壤参数的取值是基于国外某大学所做的 T 型杆原位试验中所测得的土壤参数。其中，插桩模型中，硬土层土壤重度为 8.03kN/m³，抗剪强度为 38.3kPa，软土层土壤重度为 7.43kN/m³，抗剪强度为 11kPa；拔桩模型中，土壤重度为 7kN/m³，抗剪强度为 12kPa；此外，泊松比为 $\vartheta = 0.49$，弹性模量 E 的取值公式为

$$E = \alpha \cdot S_u \tag{4.32}$$

式中，E 为黏土的弹性模量；α 为弹性模量系数，由表 4.2 确定；S_u 为黏土的不排水抗剪强度。

表 4.2　黏土的弹性模量系数 α 取值

黏土性状描述	不排水抗剪强度 S_u /kPa	弹性模量系数 α
非常软的黏土	<12.5	450
软的黏土	12.5～25	450
稍硬的黏土	25～50	480
硬的黏土	50～100	520
非常硬的黏土	100～200	560
坚硬的黏土	200～400	600
非常坚硬的黏土	>400	600

2. 插/拔桩工况加载

1）边界条件

由于土体采用欧拉单元，因此在单元边界上施加速度或加速度约束。具体边界条件施加方式如下：在竖直边界施加水平方向的速度约束，在模型下底面施加竖直方向的速度约束，顶面不施加约束。土体和桩靴之间的接触属性定义为"通用接触"。

插/拔桩阻力主要由桩端阻力和桩周的侧摩阻力共同组成。现有资料中，对桩土之间摩擦系数的探讨还尚未成熟，大多定义为有摩擦和无摩擦两种情况，在这两种情况下得到的数值仿真结果相差很小。因此，在这种特殊情况下，桩土之间的摩擦可以忽略，其摩擦系数选为 0。

2）初始地应力平衡

由于土体内部存在应力而且会从一开始就影响整个分析过程，因此模型建立时需要平衡初始地应力。目前平衡初始地应力主要有以下几种方法。

（1）自动平衡法。这种方法优点在于操作简单，只需在 Geostatic 分析步中选择自动增量步即可。不足之处在于适用性较窄，仅支持有限的几种材料，对单元类型也有要求。

（2）关键字平衡初始地应力法。建立好网格模型之后，分别测量出硬土和软土区域最高点和最低点坐标，并通过自重应力公式分别计算出坐标对应的土体自重应力值。随后，输入土壤水平方向上的静止侧压力系数来完成语言的编写。在 Abaqus

软件的 Edit Keywords 中添加如下语句：Initial Conditions, type=Stress, Geostatic; Setname, stress1, coord1,stress2,coord2,kx,ky（土的单元号或单元集合，起点应力值，对应坐标，终点应力值，对应坐标，x、y 向的静止侧压力系数），以此实现初始地应力场的添加。此种方法收敛性比较好，可以得到比较理想的结果。

（3）初始应力提取法。该法首先对不施加任何载荷的模型进行计算，然后将计算得到的每个单元应力外插到型心点上并导出六个分量。该法适用性很强，但是容易造成结果的不收敛。

这里选用关键字平衡初始地应力法。此外，考虑到侧压力系数测试比较困难，原位测试和现场试验无法重现侧向应变为 0 的状态，很难得到其真实值，因此这里根据工程经验取为 1，该值可以较为准确地反映桩靴贯入过程中土的性质。

4.2.2　插桩阻力影响因素分析

1. 上下土层强度比

通过选取不同的上下土层强度比（$s_{ut}/s_{ub}=2$，$s_{ut}/s_{ub}=3.5$，$s_{ut}/s_{ub}=5$）探究硬土与软土之间的强度差对插桩阻力的影响，所得插桩阻力与位移的变化趋势如图 4.10 所示。强度比设定时，将上层土的抗剪强度值固定，通过改变下层土的抗剪强度来得到不同的强度比。

对比图 4.10 中三个不同强度比下的插桩阻力曲线可以看出，在上层土中，由于土壤抗剪强度相同，所以三种不同强度比下的插桩阻力大小基本一样；当桩靴即将进入软土层之后，由于软土地基的影响，强度比为 5 的计算结果下的地基承载力逐渐变为最小，突变最为明显。在三种不同计算结果下，桩靴进入软土层并达到一定位置之后，三条曲线近乎平行，说明了最终插桩阻力大小与上层土无关，而由下层土的剪切强度决定。土壤抗剪切能力越弱，地基承载力就越小，所得到的插桩阻力也就越小。

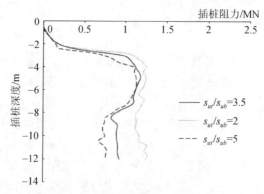

图 4.10　上下土层强度比不同时插桩阻力-深度曲线

2. 上层土相对桩靴直径的厚度

通过选取不同的上层土相对桩靴直径的厚度（$t/D = 0.75$，$t/D = 1$，$t/D = 1.25$）来探究其对插桩阻力的影响，所得的插桩阻力与位移的变化趋势如图 4.11 所示。相对厚度值设定方法：保持桩靴直径尺寸固定不变，通过改变上层土厚度来改变相对厚度值。

当上层土相对桩靴直径厚度较小时，桩靴仍会进入软土层，因此插桩阻力会出现如图 4.11 所示的拐点，而不像单层土那样阻力一直增大。由图中可以得知，桩靴开始贯入上层土时，三个硬土层相对厚度不同的模型计算出的插桩阻力有所不同，这是下层软土的影响所导致的。硬土层厚度越小，桩靴就会越快进入软土层中，因此它所计算出的地基承载力也越小。此外，该种情况下的插桩阻力出现拐点的时间也越早。当桩靴贯入深度足够大时，三种情况下计算的插桩阻力逐渐相等，说明最终的阻力大小与硬土层相对厚度无关，而是由下层软土的抗剪强度所决定的。

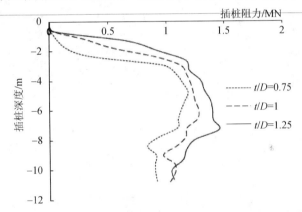

图 4.11　上层土相对桩靴直径的厚度不同时插桩阻力-深度曲线

4.2.3　插桩土体流动机制

图 4.12 为不同插桩深度下土体变形图，其中中间部位为硬土层，该层上、下部位分别为空穴区和软土区。土体流动会影响插桩阻力大小，这是因为平台贯入深度较大时桩靴形成的孔壁会发生坍塌，土壤覆盖在桩靴上部从而进一步增加插桩深度。由图 4.12 可知，在插桩初期，桩靴周围的硬土层上表面向上隆起，且隆起高度逐渐增加，在桩靴上部形成了矩形空腔，其深度也逐渐增大；随着插桩深度的增加，空腔壁面土体在硬土土层自重应力的作用下开始流向空腔里面，壁面发生坍塌，此时隆起高度开始减小，空腔深度仍然逐渐增大，硬土土层也逐渐向下变形；当桩靴进入软土土层时，由于该层的土壤不排水抗剪强度很小，因此位于桩靴下方的硬土形

成一个倒三角形区域随桩靴一同进入软土层，而没有向上流动的趋势，这就减小了土壤对平台的承载能力，从而增加了平台发生刺穿失效的危险；桩靴在软土层中贯入深度继续增加，壁面坍塌量随之增大，软土挤压残留在桩身周围的硬土一起流向桩靴上部空腔，即土壤回流，回流的土壤开始与桩靴上表面接触，此时空腔深度仍然继续增大。可见，在插桩过程中，土壤发生了表面隆起、空腔形成、壁面坍塌和土壤回流四种失效模式。

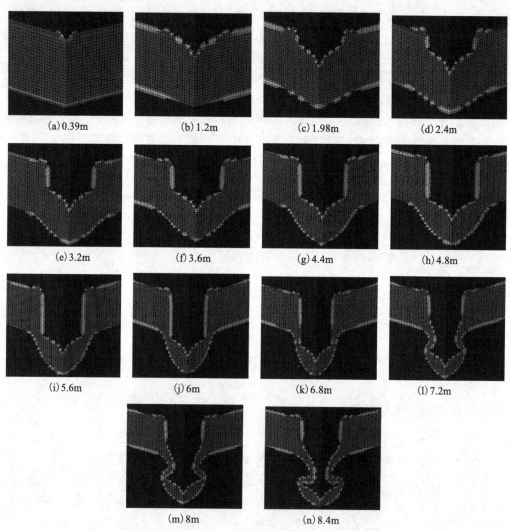

(a) 0.39m　　　　　(b) 1.2m　　　　　(c) 1.98m　　　　　(d) 2.4m

(e) 3.2m　　　　　(f) 3.6m　　　　　(g) 4.4m　　　　　(h) 4.8m

(i) 5.6m　　　　　(j) 6m　　　　　(k) 6.8m　　　　　(l) 7.2m

(m) 8m　　　　　(n) 8.4m

图 4.12　插桩土体变形图

4.2.4　拔桩阻力影响因素分析

根据有关技术规定，土壤极限抗拔力的判断方法主要有两种。第一种是缓变型

P-S 曲线，这时承载力根据沉降量来判断，具体方法为：桩靴在某级载荷下的基础上拔位移无限增长，或者某级载荷下的上拔位移超过前一级载荷的 5 倍，则上一级载荷就是所求的抗拔极限承载力；第二种是陡变型 P-S 曲线，在土体出现塑性变形时，曲线会有明显的拐点，该拐点所对应的载荷即最大拔桩阻力。由于现有理论对桩靴上拔的土体破坏机理研究不足，因此不同学者也会采用不同的判断标准。这里则采用第二种方案，即通过 P-S 曲线拐点来判断极限抗拔力大小。

1. 土体弹性模量影响

通过选取不同的弹性模量值(0.6MPa，6MPa 和 60MPa)进行拔桩数值模拟分析，所得 P-S 曲线如图 4.13 所示。可知，平台拔桩阻力曲线可以分为两部分：上升段和稳定段，两段曲线之间存在一个明显拐点。当上拔力小于该拐点下的载荷时，其大小随着位移增大而线性急剧增加。此时的土壤仍处于弹性变形阶段，其土体位移主要是由弹性变形和土体压缩引起的。当上拔力大于该拐点下的载荷时，上拔力增长缓慢，对应位移却增长迅速，说明桩靴的上移过程已导致土体发生剪切破坏，此时的土体位移主要是塑性变形和土体压缩引起的，并且该拐点下的载荷即极限抗拔力。

此外，图中的三条曲线为土体弹性模量不同取值下的抗拔承载力-位移曲线。随着土壤弹性模量的增大，拐点越来越向上，即土壤抗拔极限承载力不断增大。这是因为弹性模量影响土体变形，越大说明其抵抗弹性变形的能力越强，进而发生塑性变形所需的剪切力就越大，导致桩靴上拔难度增大。所选取的三个弹性模量值相差较大，之间呈 10 倍数增长，这时才能观察到有限元计算的阻力存在明显不同。因此，土体弹性模量对桩靴上拔阻力存在影响，但是效果不大。

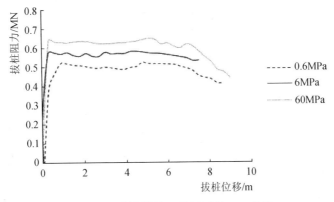

图 4.13　弹性模量 E 不同时的 P-S 曲线

2. 桩靴埋深影响

通过选取不同的桩靴埋深值(10m，15m 和 20m)进行拔桩数值模拟分析，所得 P-S 曲线如图 4.14 所示。可以看出，随着桩靴埋深的增加，平台抗拔极限承载力明显增加。这是因为拔桩过程中，阻碍桩靴上拔的因素中有桩靴上部覆土自重和桩周围的侧摩阻力。而上部覆土自重和侧摩阻力又受桩靴埋深的影响。因此，桩靴贯入深度越大，拔桩所需的极限力也就越大。在实际工程应用中，需要综合考虑地基极限承载力和抗拔极限承载力，在此基础上选择合适的入泥深度，保证平台安全作业和顺利拔桩。

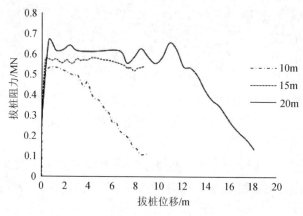

图 4.14　桩靴埋深不同时的 P-S 曲线

4.2.5　拔桩土体流动机制

图 4.15 为平台拔桩数值模拟过程中的土壤流动机制。下部区域为土壤，上部区域为空穴。在拔桩初期，由于基础埋置深度较大，桩靴上拔不会影响距离其较远的土壤区域，因此土壤破坏只发生在桩靴周围；位于桩靴上表面的土壤在上拔力的影响下发生剪切，无法向上运动，只能沿桩靴壁面流动至桩靴底部，这一过程一直持续到上拔位移为 4.2m 时；之后，上拔过程继续，由于此时桩靴距离土壤表面较近，因此在剪切作用下破坏面从桩靴一直延续到土壤表面，形成一个矩形空腔；同时，桩靴上部土壤跟随桩靴一起上移，在表面形成隆起，直至拔桩作业结束。可见，拔桩过程中的土壤流动机制可以分为两种情况：浅基础和深基础。浅基础下，土壤只发生空腔形成和表面隆起；深基础下，土壤还会发生沿桩靴壁面的土壤回流。

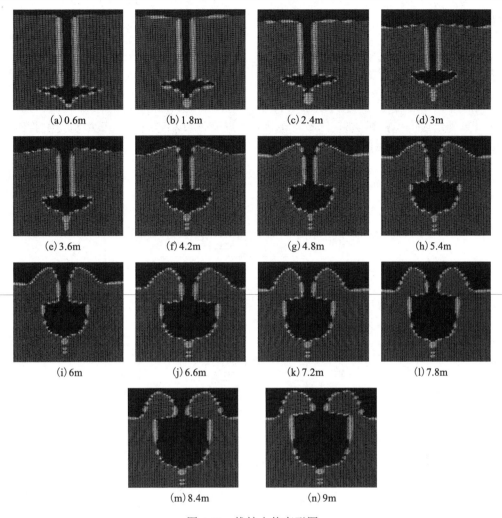

(a) 0.6m　　　　(b) 1.8m　　　　(c) 2.4m　　　　(d) 3m

(e) 3.6m　　　　(f) 4.2m　　　　(g) 4.8m　　　　(h) 5.4m

(i) 6m　　　　(j) 6.6m　　　　(k) 7.2m　　　　(l) 7.8m

(m) 8.4m　　　　(n) 9m

图 4.15　拔桩土体变形图

4.3　集成分析平台开发与应用

4.3.1　集成分析平台开发

现有研究中，分析平台插/拔桩阻力主要有试验法、数值法和解析法。其中试验法由于受到条件限制很难展开，因此应用最广泛的只有数值法和解析法。然而，这两种方法对设计人员在理论和软件使用方面有一定要求，而且方法较为烦琐。基于已有研究基础和 INP 文件的自身特点，将影响插/拔桩阻力的因素参数化，开发了自升式平台插/拔桩分析系统，提高了设计人员的工作效率，对平台作业过程具有重要指导意义。

1. 软件功能设计

自升式平台插/拔桩分析系统旨在为设计人员提供一个快捷方便的理论计算平台和有限元数值模拟源文件生成平台，免去理论计算和建立数值模型提交文件时的繁杂过程。如图4.16所示为系统设计框图。

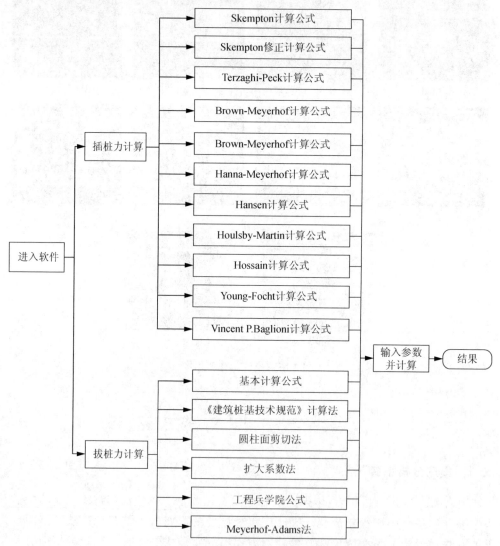

图4.16 自升式平台插拔桩分析系统设计框图

自升式平台插拔桩分析系统包含两个模块：理论计算模块(插桩力理论计算模块、拔桩力理论计算模块)和源文件生成模块(插桩 CEL 数值模拟模块和拔桩 CEL 数值模拟模块)。同时，编写软件时将各个模块在上方菜单栏中显示出来，方便设计人员的操作和选择。系统主界面如图 4.17 所示。

图 4.17　自升式平台插/拔桩分析系统

1)理论计算模块

通过理论方法计算插/拔桩阻力时，一般需要设计人员首先选择公式，而后对公式中的参数进行确定。对于理论方法适用条件与参数定义不熟悉的设计人员，该过程复杂烦琐，甚至得到的计算结果与实际大相径庭。

该系统是在插/拔桩经典计算公式的基础上，提取其中计算所需参数编写而来的。由操作人员输入公式所需参数即可得到理论计算结果。具体操作方法为：设计人员根据平台作业过程确定相应计算模块(插桩力理论计算模块和拔桩力理论计算模块)，然后再根据实际土层情况选择相应的插/拔桩公式，单击"确定"，进入该公式下的计算界面，如图 4.18 所示为 Skempton 公式计算界面。最后，设计人员根据软件中提示的所需输入参数进行参数确定，待所有数据输入完成之后单击插/拔桩力，即可得到理论计算结果。

自升式平台插/拔桩分析系统的理论计算模块将现有研究中涉及的经典公式融合在一起，并进行参数化，方便设计人员和研究人员快速得到特定模型插/拔桩阻力的理论值，界面简单明了，易于操作。同时对于理论不熟悉的相关人员，也可根据界面提示确定公式计算所需参数，大大提高了计算效率。

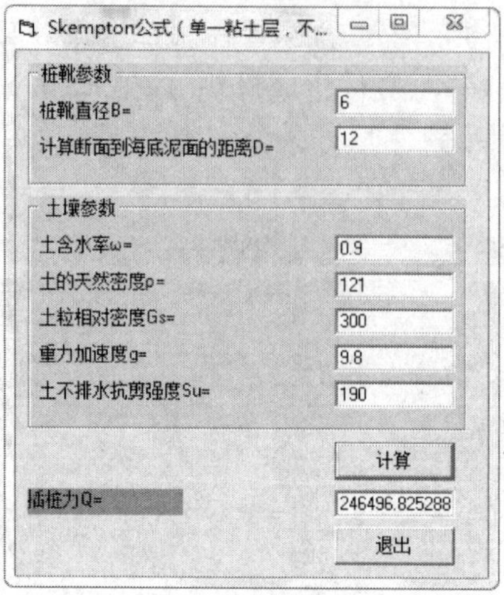

图 4.18　理论计算模块

对应的软件代码如下所示:

```
'从选择按钮选择插拔桩力计算公式
Private Sub Command1_Click()
    If Option1.Value = True Then
        ZCSke.Show
        Me.Hide
    ......
'从菜单栏选择插拔桩力计算公式
Private Sub ZBGon_Click()
    BZGon1.Show
    Me.Hide
End Sub
Private Sub ZBGui_Click()
    BZGui1.Show
    Me.Hide
    ......
Dim B As Double    '定义参数
    Dim d As Double
    Dim A As Double
    ......
Private Sub ZC_Com2_Click()            '参数传递及计算
    B = txtZC_B.Text
    d = txtZC_D.Text
    A = 3.1415 * B * B / 4
```

```
    V = A * d
        ......
r1 = P * g
    r2 = (r1 * Gs - r1) / (Gs + w * Gs)
    Q = 6 * A * Su + 1.2 * A * Su * B / d + V * r2
    txtZC_Q.Text = Q            '输出计算结果
```

2)源文件生成模块

有限元仿真分析在自升式平台插/拔桩阻力计算中越来越受到广泛关注,然而进行建模时需要设计人员对相关专业建模与分析软件有一定的认知基础,否则无法得到预期的数值模型。

该分析系统的源文件生成模块是对 HyperMesh 软件生成的 INP 文件进行编写,再将得到的源文件导入 Abaqus 中进行仿真计算。INP 文件有其自身特定的格式,可以包括网格节点、单元、材料和边界条件等,设计人员可以在外部直接对其进行操作,如添加修改其中参数,而不需要通过软件。INP 文件的这种特点,为其实现参数化提供了良好的基础。

软件具体操作步骤如下:设计人员先是根据实际情况选择相应的分析模块(插桩CEL 数值模拟和拔桩 CEL 数值模拟),之后在欧拉-拉格朗日耦合法的基础上对研究对象进行网格划分,所得到的模型保存为 INP 文件。将 INP 文件插入分析系统中,根据不同模块输入相应参数。

插桩数值模块如图 4.19 所示,系统最多可适用于七层土的插桩阻力分析,根据上述研究成果,这里只需输入 Von-Mises 模型所需的土壤参数。然后定义初始地应力和体积分数,即可得到用于 Abaqus 进行插桩阻力分析的源文件。

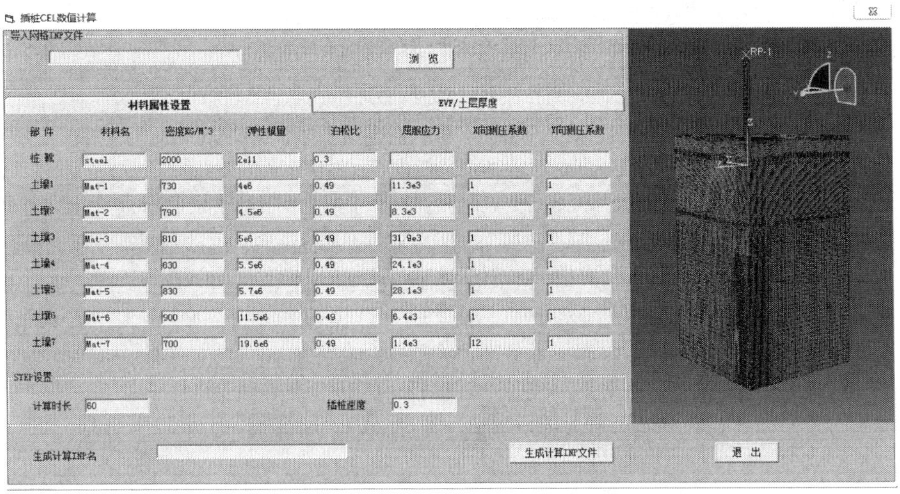

图 4.19　插桩 CEL 分析模块

拔桩模块如图 4.20 所示，系统适用于单层土的拔桩阻力分析，将 HyperMesh 生成的网格模型导入分析系统中，输入相应的材料参数和桩靴埋置深度并设定拔桩时的速度，即可得到用 Abaqus 中拔桩阻力分析的源文件。

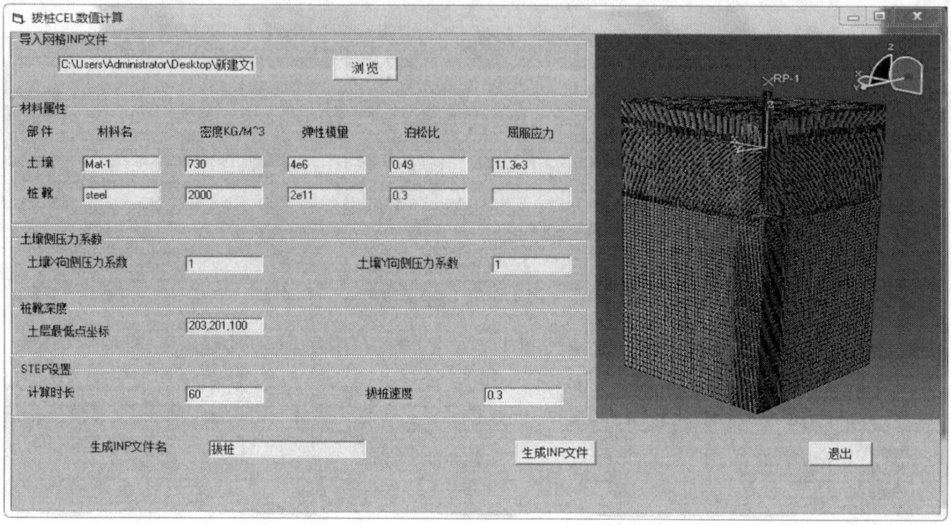

图 4.20　拔桩 CEL 分析模块

综上所述，源文件生成模块是对 HyperMesh 软件生成的网格、节点和集合等对象进行操作。这些对象被保存到 INP 文件中，该模块自动检索、识别其中的关键字，通过操作人员输入对应参数对其进行修改。最终生成有限元计算所需的源文件，导入 Abaqus 有限元软件中进行分析计算。

对应的代码如下所示：

```
Public Type Matr     ' 定义 Matr 数据类型
    Density As Double
    Youngs As Double
    Elastic As String
    Plastic As Double
    Ceya_X As Double
    Ceya_Y As Double
End Type
Public Type Part   ' 定义 Part 数据类型
    Name As String
    Mat  As Matr
End Type
Public part1 As Part    ' 定义 Part 类型数据
```

```
Public part2 As Part
    ......
```

插桩 CEL 数值分析代码：

```
Dim Infilepath As String
Dim Infilename As String
Dim Outfilepath As String
Dim Outfilename As String
Dim Zx As Part
Dim Tu1 As Part
    ......
Private Sub Command1_Click()          ' 获取网格 INP 文件路径和文件名
  CommonDialog1.ShowOpen
  Text1.Text = CommonDialog1.FileName
  Infilepath = Text1.Text
  Infilename = Mid$(Infilepath, InStrRev(Infilepath, "\") + 1)
  Outfilepath = Mid$(Infilepath, 1, InStrRev(Infilepath, "\"))
End Sub
Private Sub Command2_Click()          ' 材料属性赋值
  Zx.Name = Text2.Text
        ......
Outfilename = Text116.Text
  Dim C As String          ' 生成 INP 文件
  Open Outfilepath & Outfilename & ".inp" For Output As #3
  C = "*Heading" & vbCrLf
  C = C & "*Node,Nset=rp" & vbCrLf
        ......
```

2. 软件运行及操作

（1）运行环境：在 Windows XP、Windows7 等常见操作系统上。

（2）安装：本软件以 VB6.0 作为开发语言，利用 Setup Factory 7.0 打包软件对已经编辑完成的程序进行打包，最后得到一个安装文件 setup.exe。安装时只需双击该安装文件即可开始安装。如图 4.21 所示为安装时的一个界面，说明软件的版权和软件安装协议，单击同意后进入下一步，然后根据提示即可快捷方便完成余下步骤。

（3）卸载：在开始菜单下的"自升式平台插/拔桩分析系统"子菜单下，有"卸载自升式平台插/拔桩分析系统"的菜单，单击后即开始卸载操作，如图 4.22 所示。

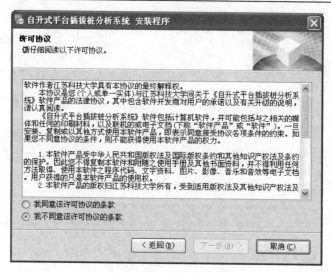

图 4.21　安装许可协议框

图 4.22　卸载菜单

　　(4)系统运行：单击开始菜单中的"自升式平台插/拔桩分析系统"子菜单下的"自升式平台插拔桩分析系统"可快速启动本软件，如图 4.23 所示。

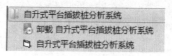

图 4.23　运行菜单

4.3.2　工程应用

1. 数值模型构建方法

1) 土壤参数测试

(1) 试验参照标准。

《土工试验方法标准》(GB/T 50123—1999)、《岩土工程勘察规范》(GB 50021—2001)、《工程测量规范》(GB 50026—93)、《港口岩土工程勘察规范》(JTS 133-1—2010) 以及《水运工程测量规范》(JTJ 203—2001) 等。

(2) 试验地点选取。

南通润邦海洋工程装备有限公司南面的海工装备配套码头,主要位于长江口北支河段北翼、三条港与五激港之间、长江干堤江苏里程界碑在 442(基)+430～443(基)+250 区段,行政区域属江苏省启东市惠萍镇。具体的地质构造单元属于扬子准地带苏北拗陷与江南隆起的交接部位,基岩为泥盆系的石英砂岩、侏罗系火成岩、砂质砾岩等。第四系全新统以长江河床相、河漫滩相沉积物为主,下部为砾石粗砂,上部为细砂、粉砂、粉土、黏性土等。

(3) 土壤取样设备选取。

土壤取样的具体设备及用途如表 4.3 所示。

表 4.3　土壤取样设备

设备	用途
水位标尺	在进行土壤钻进、取样的同时,进行水位涨落变化的实测以保证土层分层精度
150 m GXY-1 型钻机、146mm 开孔器和 128mm 提土钻	钻孔
敞口式自由活塞薄壁取土器	液压法采取黏性原状土样
普通取土器	重锤少击法采取中密及其以上粉土、砂土
63.5kg 穿心锤, φ=42mm 钻杆, 对开式+管靴贯入器	原位测试标准贯入试验设备(对开管长度为 560mm、外径为 51mm、内径为 35mm、管靴长度为 50mm、刃口角度为 20°、刃口厚度为 2.5mm、落锤高度为 76cm、贯入器打入土中 15cm 再记录锤击数)

(4) 土壤参数测试。

共布置 20 个勘察孔,其中原状土孔 10 个,标准贯入试验孔 10 个,钻孔深度约为 65m。试验项目按土层性质、成因相近划分,在统计岩土性质指标前,已按岩土单元进行划分,对异常指标剔除后进行统计,按岩土单元提供各项统计指标的最小值、最大值、样本个数、平均值、标准值、变异系数。土壤有效重度 γ'、不排水剪切强度 c、摩擦角 Φ、弹性模量 E 为用各级垂直载荷下的平均值按最小二乘法回归求得(表4.4)，这些可为插桩阻力计算提供土壤物理参数。黏土的弹性模量估算公式为 $E = N \times c$，Kellezi 通过对挪威海域地质研究，得出 $N=200$，Hossain 在土工离心模型试验中取 $N=500$；而对于沙土，Gang 建议密沙弹性模量为 50MPa。在表 4.4 中，1#～7#土层中 N 分别为 354、542、157、228、203、1797 和 14000，可见采用经验法选取土壤弹性模量与实际情况相差较大。在进行特定区域插桩研究时，最好通过试验法获取该地区土壤的物理参数。

表 4.4　土壤物理参数

层号	深度/m	岩土名称	$\gamma'/(\text{kN/m}^3)$	c /kPa	$\phi/(°)$	E/MPa
1#	5	淤泥质粉质黏土夹土间粉砂	7.3	11.3	2	4
2#	8	粉土夹淤泥质粉质黏土间粉砂	7.9	8.3	7.9	4.5
3#	18	黏土(淤质)间粉土、粉砂	8.1	31.9	10.4	5
4#	28	粉土夹黏土	8.3	24.1	12	5.5
5#	40	粉质黏土间粉土	8.3	28.1	11.6	5.7
6#	55	粉土夹粉砂间粉质黏土	9	6.4	29.7	11.5
7#	65	粉土夹粉土间粉质黏土	7	1.4	30.1	19.6

2) 数值模型建立

由于该模型土层多达七层，层间相互影响和土壤流动失效机制变得非常复杂，经典理论计算公式已经无法预测插桩深度和阻力的关系，因此选用自升式平台插/拔桩分析系统的源文件生成模块对其进行数值模型建立并导入 Abaqus 中计算。

首先通过 HyperMesh 软件对平台模型进行网格划分，如图 4.24 所示。由于结构和边界条件都具有对称性，采用 1/4 土体进行数值建模。

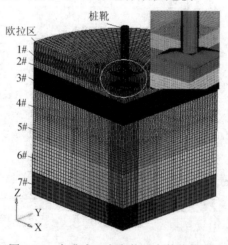

图 4.24　自升式风电安装平台数值模型

(1)土体简化成半径为 55m、高度为实际土层厚度的圆柱体。

(2)桩靴采用带有微小凸台的 8.7m×9.2m×0.56m 长方体,凸台高度为 0.35m,桩腿为 1.6m×0.05m(内径×厚度)的薄壁圆筒,桩靴下表面与 1#土层的上表面在计算开始前位置重合。

(3)为了避免插桩过程土壤大变形流动导致网格严重扭曲,求解无法收敛,土壤区采用六面体减速积分欧拉单元离散;为了防止 1#土层在插桩过程中土壤向上流出欧拉区,在 1#土层上部定义了 3m 高的额外欧拉区,该区域材料设置为空;插桩区域附近的网格最密,远离该区域的网格密度逐渐增大。

(4)桩靴属于小变形构件,采用六面体拉格朗日单元离散。

将建立好的网格模型保存为 INP 文件并导入自升式平台插/拔桩分析系统中,输入土壤参数、单元流体体积分数、土层厚度和插桩速度,生成用于 Abaqus 计算的 INP 文件。此时,系统已将桩身和桩靴定义为刚体模型,桩土之间的接触定义为"通用接触",土壤弹塑性模型定义为 Von-Mises 模型。图 4.25 为材料属性定义界面。

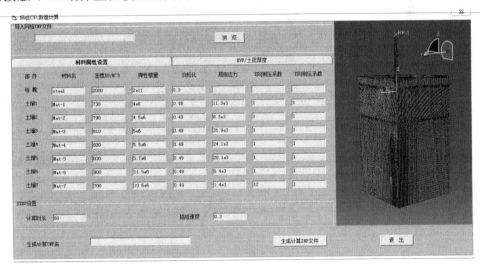

图 4.25　材料属性定义界面

2. 现场插桩试验

1)现场插桩试验准备

(1)试验操作准则。

《平台操作手册》《升降装置操作说明书》《升降装置液压系统操作说明书》《升降装置电控系统操作说明书》和《海上移动平台入级与建造规范》等文件。

(2)试验条件。

试验地点当天的工况条件为:流速≤2m/s、风速≤10.7m/s、波高≤1m,插桩作业时桩靴主要承受垂直载荷，满足试验要求。

（3）试验对象。

试验采用南通润邦海洋工程装备有限公司生产的自升式风电安装作业平台，如图 4.26 所示，该平台主要依靠四根桩腿将平台支撑于江面之上，四根桩腿通过下部的桩靴结构与江底地层接触，从而产生稳定的支撑力，保证平台在整个施工过程都不受海流及波浪的影响。

图 4.26　自升式风电安装平台

（4）试验准备。

首先，进行人员配备，保证作业平台各个环节的操作分工合理明确。

其次，确定平台升降的工作顺序，保证试验结果的准确性。

最后，进行升降系统的检查，包括平台主体、升降装置、液压系统、电源装置、电气控制系统的检查和准备。

2）自升式风电安装平台现场插桩试验

风电安装作业平台的插/拔桩运动主要是通过升降装置、液压系统和电气控制监视系统等组合而成的复杂系统驱动平台下方的桩腿进行上下运动来实现的。插/拔桩运动主要包括下桩、预压、平台举升、平台下降、拔桩和升桩等操作，通过上、下环梁与对应的插销轮番插入和脱开及升降油缸的伸缩即可实现上述插/拔桩操作。

自升式风电安装平台现场插桩试验分两部分：首先需要进行升降试验前的空载试验和单桩上、下环梁插销插入、拔出试验，然后进行平台轻载/满载升降试验，包括下桩、预压、平台举升、平台下降、冲桩（可选）、拔桩、升桩及洗桩等操作。

（1）空载试验。

在完成各项试验准备工作，并且保证各系统正常工作后，即可进行单桩升降油缸及环梁空载试验。试验内容如下。

①在试验状态下，选择"动作方式"为"放桩模式"，手动控制站单步走，当下环梁与桩腿插销孔脱开时，保持该状态，同时完成升降油缸活塞杆全行程往返伸缩五次；②保持压力显示表的动作一致，保证接近开关动作的可靠性及油压、油温在正常范围内变化；③检查记录升降油缸一个行程节距的时间和油缸缸顶、活塞杆端的油压。

(2) 单桩下、上环梁插销的插入与拔出试验。

单桩升降油缸及环梁空载试验完成后，开始进行单桩下、上环梁插销插入与拔出试验。试验内容如下。

①手动操纵移动环梁，将插销对准桩腿插销孔，进行下环梁插销插入、拔出，记录插入、拔出的时间；②将下环梁插销插入桩孔内，从而转移桩腿负荷，进行固定环梁上环梁插销的插入与拔出操作，记录插入、拔出的时间；③记录空负荷状况下，移动环梁上下移动及插销运动的情况；④通过操纵移动环梁，使插销与桩腿插销孔错开而无法插入，然后使插销顶住桩腿腹板，在插销未插好状态下，进行插销装置与升降动作联锁试验。

(3) 桩腿下放、提升试验(单桩或四桩操作)。

完成空载及插销试验内容后方可进行桩腿下放、提升试验，试验前应确保码头水深在 5～25m 范围内，并且海底为沙泥土质(足够的承载能力)。以放桩为例，提升情况类似，试验内容如下。

①设置"动作方式"为"放桩模式""单步走"，通过手动操纵桩腿控制站"第一步"，实现"升降油缸缩回调节+定销拔出"的动作(负载转移一次)；②完成上述操作后，首先在升降油缸的带动下，使桩腿快速伸出约 1400mm。然后将升降油缸缓慢伸出，并使定销伸出到顶住桩腿；③定销伸出到位后手动操作升降油缸实现升降油缸的伸出调节以及动销的拔出；④上述动作完成后，手动将升降油缸快速缩回到约 100mm 行程处，然后，升降油缸慢速缩回，并且动销伸出顶住桩腿，动插销进到位后，完成循环动作，即完成一个节距的操作。具体下放节距数，视码头水深情况而定，一般 2～4 节距，每节为 1.5m。

重复操作上述动作，便可将桩腿逐步下放到海底。

(4) 预压操作(对角线桩操作)。

为了使操作平台的四根桩腿能够通过桩靴稳固地立于海底，需要对桩腿进行预压操作。通过预压操作保证四个桩腿都能达到平台升起后安全生存的状态。预压操作只允许对角桩腿成对进行，并且预压前必须将平台调平。

①通过控制界面使上环梁插销脱开，下环梁下降，从而增大四根桩腿桩靴所承受的负荷，将桩靴压入土层，循环操作可使油缸上腔油压逐步上升，直到平台底部离开水面 1～1.5m 时，"停止"操作，此时油缸上腔压力约为 170bar；②将两对角

线上的桩腿(1、3 与 2、4)分别执行不同操作，即 1、3 桩腿执行"上环梁脱开"操作，2、4 桩腿执行"上环梁脱开＋下环梁下降"操作，当油缸上、下腔压力差上升至约 270bar 时，2、4 桩腿执行"上环梁脱开"，然后 1、3 桩腿执行上述操作，等待 15 分钟；③15 分钟后，使 2、4 桩腿执行"上环梁脱开＋下环梁下降"操作，压力差上升至 270bar 时，将 2、4 桩腿操作执行"上环梁脱开"动作，等待 15 分钟；④15 分钟后，使 1、3 桩腿执行"上环梁脱开＋下环梁下降"动作，当压力上升至 170~180bar 时，回到"上环梁脱开"状态。将 2、4 桩腿调到"上环梁脱开＋下环梁下降"状态，并使压力恢复到与 1、3 桩腿压力基本一致，结束预压，调平平台。

(5)平台举升操作(四桩操作)。

①四根桩腿均执行"上环梁脱开＋下环梁下降"状态，使平台平稳上升，当平台升至一个行程的位置时，"停止"操作，此时上环梁与桩腿插销孔插入，完成了平台举升的一个工作行程；②某一桩腿先完成一个工作行程后，应全平台停止操作，各桩腿操作均为"停止"状态。然后等上述桩腿单独进行负荷转移后，再将此桩腿执行"下环梁脱开＋下环梁上升"动作。当升降油缸活塞杆缩回一个行程时，下环梁上插销插入桩腿插销孔并进行负载转移；③操作四条桩腿继续进行"上环梁脱开＋下环梁下降"动作，重复上述举升操作的工作行程。平台举升到需求的气隙高度时，将平台调成水平，则平台举升操作结束。

(6)平台下降操作(四桩操作)。

①检查确保各装置及系统正常后，将操作界面调至"上环梁脱开＋下环梁下降"，使平台稍加上升，并使四桩腿受力均匀，再将操作执行"上环梁脱开"。对桩腿操作"上环梁脱开＋下环梁上升"，平台即开始下降，直到平台下降一个行程。操纵控制界面"停止"，此时上环梁与桩腿插销孔插入，完成平台下降的一个行程；②某一桩腿先完成一个工作行程后，按"停止"按钮，全平台停止操作。完成工作行程的桩腿单独进行负荷转移及循环返回行程，并将操作界面调至"下环梁脱开＋下环梁上升"位置，待下环梁上位"动插销退到位"亮时，再控制操作"下环梁脱开＋下环梁下降"位置。当升降油缸活塞杆升出一个行程，下环梁与桩腿插销孔配合完成循环动作，操作界面按"停止"状态；③将该桩腿控制界面执行"上环梁脱开＋下环梁下降"位置，使下环梁稍降，上环梁"脱开"灯亮，完成负荷转移。将操作放在停止位置；④将四桩腿的操作均执行"上环梁脱开＋下环梁上升"位置，重复平台下降工作行程。当四条桩腿的升降油缸下腔压力由 10bar 上升至 50~60bar 时，平台就处于水面漂浮状态，则平台下降结束。

(7)拔桩操作(对角线桩操作)。

拔桩操作前，应了解浅层地质资料和作业海区的具体情况，制订拔桩方案。拔桩操作只允许对角桩腿成对进行，即 1、3 桩腿或 2、4 桩腿成对地拔，交替进行直到四桩腿相继拔松。

①操作 1、3 桩腿控制台，使 1、3 桩腿实现上环梁脱开并进行下环梁上升操作，此时下腔油压将上升，最高压力可上升到 215bar，执行"上环梁脱开"操作；②2、4 桩腿重复①动作。如此拔 1、3 桩腿与 2、4 桩腿，轮换交替地进行，若各桩下腔压力都下降至 40bar 左右，则可以认为桩腿已松动，拔桩操作结束。

(8) 桩腿提升操作。

①四条桩腿执行"上环梁脱开＋下环梁上升"操作，直到桩腿提升一个行程，操作界面放在"停止"位置，即上环梁与桩腿插销孔插入，完成桩腿提升的一个工作行程；②将控制执行"下环梁脱开＋下环梁下降"操作，直至下环梁下降一个行程，操作界面放在"停止"位置，完成负荷转移和返回循环行程；③重复①②操作，便可将桩腿逐步提升到规定高度，将桩腿提升至桩靴底与平台基线齐平，即桩腿提升操作结束。上述各操作都要观察桩边显示器和指示灯变化，从而保证插桩试验操作无误，得到准确的试验结果。

(9) 插桩试验实验结果。

平台在 10000t 载荷下进行了插桩试验，单根桩腿所承受的最终载荷为 2500t，试验严格按照操作准则进行现场操作，最终平均插桩深度为 7.3m，大约为桩靴断面宽度的 0.84。

3. 结论分析

1) 插桩阻力曲线

通过分析上述插桩数值模型，可得到插桩阻力随着插桩深度的变化曲线，如图 4.26 所示。通过与自升式风电安装平台的现场插桩试验结果对比可知，仿真值比试验值小 8.9%，造成该结果的原因有：在建立数值模型时，分析系统中所输入的材料参数是根据每个土壤样本选取点测得的参数所计算出的平均值，而现场插桩试验时 4 个桩靴位置不同，土壤物理参数、土层厚度存在差异；建模过程中没有考虑环境载荷的影响，平台在实际工作过程中则需要承受风、浪、流等载荷联合影响，尽管如此，该数值模型已基本满足工程要求。且通过分析图 4.27 插桩阻力曲线可得出桩靴在不同土层中所受到的阻力变化趋势如下。

(1) 在 1#土壤层中，桩靴未完全进入土壤之前，它对周围土壤产生一定的挤压作用，而这种挤压作用是相互的，因此使得插桩阻力在周围土壤作用下快速增加；当桩靴最大断面完全进入土壤后，插桩阻力随深度线性增加、但变化速度降低。

(2) 当桩靴接近 1#和 2#土层分界面时，由于 2#土层的不排水剪切强度比 1#土层小 3kPa，插桩阻力稍微有所降低，此时插桩过程很难控制，极有可能导致平台侧偏、固桩架因承受较大力矩而发生塑性变形，自升式风电安装平台插桩过程中经常遇到这种情况，应予以重视。

（3）在 2#土层中，尽管其不排水剪切强度低于 1#土层，但由于自重应力的作用，插桩阻力又开始快速增加。

（4）当桩靴在 2#和 3#土层分界面附近时，由于土层间土壤物理参数的差异和土壤流动失效，插桩阻力-深度曲线又发生了一些突变。

（5）当桩靴进入第 3 层土壤时，插桩阻力又开始迅速增加。

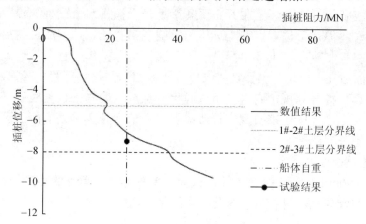

图 4.27　插桩-阻力曲线

2）土壤流动机制

图 4.28 为自升式风电安装平台插桩数值仿真过程中的土壤变形图，为了清楚显示土壤性状，隐藏了桩靴部分。中间区域为 2#土层，上下区域分为 1#和 3#土层。由于分析得到的最大插深在 10m 左右，主要影响前三层土壤，因此只分析前三层土壤的流动失效机制。由图 4.28 可知，在插桩初期，桩靴周围的 1#土层上表面向上隆起，且隆起高度逐渐增加，在桩靴上部形成了矩形空腔，其深度也逐渐增大；随着插桩深度的增加，空腔壁面土壤在 1#土层自重应力的作用下开始流向空腔里面，壁面发生坍塌，此时隆起高度开始减小，空腔深度仍逐渐增大，2#土层也逐渐向下变形；当桩靴进入 2#土层时，2#土层上表面向上隆起，由于该层的土壤不排水剪切强度较小，壁面坍塌量增大，土壤沿着桩靴边缘流向桩靴上部空腔，即土壤回流，回流的土壤开始与桩靴上表面接触，此时空腔深度仍然逐渐增大，1#土层上表面隆起高度继续减小，2#土层上表面隆起高度先增大后减小，直到桩靴进入 3#土层，当插桩到 10m 左右时，桩靴下面还存有少量 2#土层的土壤。可见，在插桩过程中，发生了表面隆起、空腔形成、壁面坍塌和土壤回流 4 种失效模式。

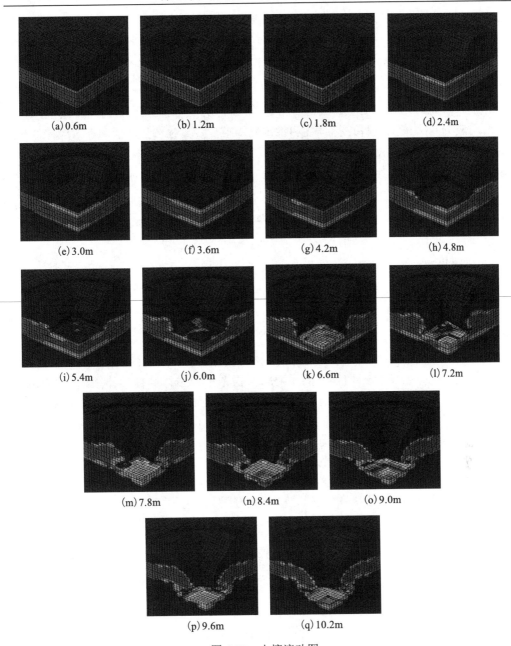

(a) 0.6m   (b) 1.2m   (c) 1.8m   (d) 2.4m

(e) 3.0m   (f) 3.6m   (g) 4.2m   (h) 4.8m

(i) 5.4m   (j) 6.0m   (k) 6.6m   (l) 7.2m

(m) 7.8m   (n) 8.4m   (o) 9.0m

(p) 9.6m   (q) 10.2m

图 4.28　土壤流动图

第 5 章　站立工况下平台静态/动态响应特性

本章首先对站立工况下平台进行静态响应评估，对响应结果进行讨论的同时，选取出现应力最大值的杆件进行强度和稳定性衡准，其次对平台进行动态响应评估，包括自振特性、位移、应力与支反力等内容，并分析入射角的变化对动态响应的影响规律，最后结合第 2 章给出的环境载荷评估内容，对自升式平台响应差异性进行讨论。

5.1　平台桩腿静态响应特性

5.1.1　结构数值模型构建

1. 网格模型构建

1) 平台主体

由于本章的研究对象为自升式平台的桩腿，因此对平台主体部分进行了相应的简化。假设主平台主体结构强度满足要求，根据平台主体结构设计图纸，采用刚性梁单元对平台主体及固桩架进行模拟。在建立有限元模型时，通过定义质量点施加重力场的方法，模拟平台主体的质量分布。考虑直升机平台、悬臂梁以及生活楼等影响，对模型的重量和重心进行相应的调整，如图 5.1 所示。

2) 桩腿

平台桩腿为钢制等壁厚桁架式，由主弦杆、斜撑、水平撑杆和内撑杆组成。根据平台桩腿的壁厚，采用梁单元建立桩腿的有限元模型，见图 5.1。

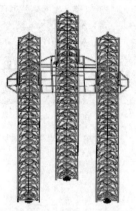

图 5.1　平台有限元模型

3) 桩腿与平台主体的连接

平台主体与桩腿的相互作用包括两个方面：桩腿主弦管上齿条与升降装置上齿轮的相互作用，桩腿主弦管上齿条与固桩架上导向板的相互作用。该平台桩腿上每根主弦杆都由 3 对齿轮齿条啮合，建立实际的齿轮齿条有限元模型不仅工作量大，而且在进行时域分析时需要消耗巨大的机时。因此，需要进行合理的简化处理。本章利用弹簧单元分别模拟桩腿和平台主体的升降锁紧装置和导向机构，如图 5.2 所示，充分考虑连接刚度，包括桩腿弦杆与升降系统的垂向刚度 K_{Vjack}、扭转刚度 K_{Rjack} 和桩腿弦杆上、下导向的扭转刚度 K_{Rguide}。

$$K_{\text{Rjack}} = \frac{1}{3/(0.5D^2 K_{\text{Vjack}}) + L_2/(EI_{\text{leg}})} \tag{5.1}$$

$$K_{\text{Vjack}} = \frac{3}{1/(n_p K_{\text{Vpinion}}) + 1/K_{\text{Vjackhouse}}} \tag{5.2}$$

$$K_{\text{Rguide}} = \frac{1}{1/K_{\text{Rldef}} + 1/K_{\text{Rlgui}}} \tag{5.3}$$

式中，K_{Vpinion} 为单个齿轮的垂向刚度系数；K_{Rldef} 为桩腿、升降齿轮箱由于变形产生的扭转刚度系数；$K_{\text{Vjackhouse}}$ 为升降齿轮箱的垂向刚度系数；n_p 为齿轮个数；D 为桩腿弦杆之间的距离；I_{leg} 为桩腿的截面惯性矩；L_2 为升降系统与下导向机构的距离；E 为弹性模量；K_{Rlgui} 为上、下导向间桩腿由于剪切、弯曲产生的扭转刚度系数。K_{Rlgui} 计算如下：

$$K_{\text{Rlgui}} = \frac{1}{2(1+v)EA_S L_1 + L_1/3EI_{\text{leg}}} \tag{5.4}$$

式中，L_1 为上、下导向间垂向长度；v 为泊松比；A_S 为桩腿的剪切面积。

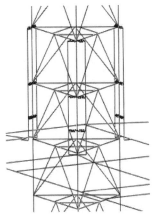

图 5.2　升降装置有限元模型

2. 站立工况加载

1) 边界约束处理

自升式平台在作业状态时，齿轮齿条升降装置驱动桩腿向下运动，底部的桩靴插入泥土中支撑平台主体，因此桩腿海底处的边界条件处理显得尤为重要。传统的方法是在自升式平台模型中将海底和桩腿的相互作用处理为铰接关系，忽略了海底土壤对桩腿转动自由度的影响。这种处理方法相对比较简单，此时桩腿上的弯矩却都集中在了齿轮齿条升降装置处，其弯矩值比实际情况偏大，这样对于桩腿的结构设计过于保守。在实际情况中，海底土壤对桩腿底部的转动自由度也具有约束作用，这将会使得桩腿的下端也承受弯矩，从而大大减小齿轮齿条升降装置处的弯矩值。海底基础约束条件对桩腿弯矩分布的影响，如图 5.3 所示。实际上桩腿与地基之间的相互作用，既不是完全固支约束也不是铰支约束，而是介于二者之间的弹性支撑。

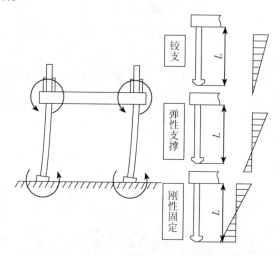

图 5.3　海底基础约束程度对桩腿弯矩分布的影响

由于该自升式平台工作水域海底为松砂土壤，因而可假设桩靴与土壤之间为线弹性关系。这里采用 Abaqus/Aqua 中特有的铰单元 Joint3D，如图 5.4(a) 所示，可以用于模拟桩靴和海床之间的相互作用。铰单元有两个节点，其中一个节点与桩腿底部 3 个节点建立刚性单元，如图 5.4(b) 所示，并约束另一个节点所有的自由度。在如图 5.5 所示的 6 自由度坐标系下，建立桩土耦合模型为

$$
\begin{Bmatrix} \mathrm{d}V \\ \mathrm{d}H_2 \\ \mathrm{d}H_3 \\ \mathrm{d}Q/D \\ \mathrm{d}M_2/D \\ \mathrm{d}M_3/D \end{Bmatrix} = DG \begin{bmatrix} k_1 & 0 & 0 & 0 & 0 & 0 \\ 0 & k_3 & 0 & 0 & 0 & -k_4 \\ 0 & 0 & k_3 & 0 & k_4 & 0 \\ 0 & 0 & 0 & k_5 & 0 & 0 \\ 0 & 0 & k_4 & 0 & k_2 & 0 \\ 0 & -k_4 & 0 & 0 & 0 & k_2 \end{bmatrix} \begin{Bmatrix} \mathrm{d}w^e \\ \mathrm{d}u_2^e \\ \mathrm{d}u_3^e \\ D\mathrm{d}\omega^e \\ D\mathrm{d}\theta_2^e \\ D\mathrm{d}\theta_3^e \end{Bmatrix}
\tag{5.5}
$$

式中，V 为图 5.5 中所示的桩靴垂直反力，H_2 和 H_3 为水平反力，Q 为垂直力矩，M_2 和 M_3 为水平力矩，w^e、u_2^e、u_3^e、ω^e、θ_2^e、θ_3^e 是与之对应的位移；D 为桩靴等效直径 12.09m，G 为土壤等效剪切模量；k_1、k_2、k_3、k_4、k_5 为无量纲刚度系数，在松砂中的数值分别为 2.904、0.548、2.901、0.918、−0.208。

$$
G = g \sqrt{\frac{P_a V}{A}} , \quad g = 230 \left(0.9 + \frac{D_R}{500} \right)
\tag{5.6}
$$

式中，P_a 为大气压力；A 为桩靴截面积；D_R 为相对密度；g 为无量纲常数，取 400。

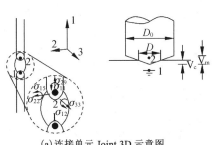

(a) 连接单元 Joint 3D 示意图

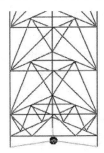

(b) 有限元模型

图 5.4　桩靴与海床的连接关系

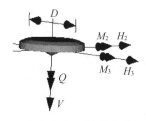

图 5.5　在 6 自由度坐标下桩靴载荷及其相应位移

2) 载荷施加

通过设置环境变量，选择 Stokes5 阶波浪理论编辑程序后计算波浪和海流引起的拖曳力和惯性力，并分别施加到桩腿浸入水中部分的单元上。由于平台主体在建模过程中被简化，因此，风力的计算参照 CCS 规范中计算公式，并将力的结果施加在平台主体重心上，而对于水面以上桩腿部分的风力仍通过程序直接计算。在0°～180°内取5个波向角，分别为0°、60°、90°、120°和180°，波浪、海流及风力联合作用方向规定如图5.6所示。

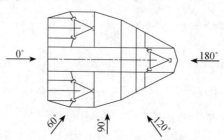

图 5.6　波浪和海流作用方向图

5.1.2　响应结果

多角度环境载荷分别代入计算，经比较得出环境载荷为120°波向角时桩腿应力最大，因此仅对120°环境载荷所引起的桩腿应力和位移作研究。计算结果表明，桩腿的最大应力主要集中在平台船底附近处的弦杆，因此选取船底附近区域弦杆单元进行强度校核。计算结果中，轴向应力的正号代表杆件受拉，负号代表杆件受压。表5.1和表5.2分别为正常作业状态下由环境载荷引起的弦杆与斜撑杆典型单元上的应力值。

由计算结果可知，桩腿上最大应力出现在船底附近2号桩腿的1号弦杆表面，其最大轴向应力为：-138.44MPa，最大弯曲应力为11.39MPa。

由表5.1和表5.2可知，正常作业状态下斜撑单元应力远小于弦杆计算应力，故斜撑不是平台桩腿强度的控制条件。

表 5.1　正常作业状态环境载荷引起的弦杆单元应力

(MPa)

桩腿号	单元号	轴向应力	弯曲应力 Y 向	弯曲应力 Z 向	弦杆号
1	214	-102.98	10.58	0.088	1
	215	38.40	9.13	0.04	2
	216	-103.00	9.76	0.087	3
2	133	-138.44	11.39	0.144	1
	134	6.73	9.61	0.03	2
	135	-138.38	10.39	1.44	3
3	52	-104.99	10.56	0.086	1
	53	36.24	9.12	0.04	2
	54	-104.99	9.74	0.087	3

表 5.2　正常作业状态下环境载荷引起的斜撑杆单元应力 　　　　(MPa)

单元号	轴向应力	弯曲应力 Y 向	弯曲应力 Z 向	位置
1501	−50.13	3.06	0.43	1 号桩腿 23 节距内
1506	−50.13	1.37	0.43	1 号桩腿 23 节距内
1502	40.47	3.05	0.31	1 号桩腿 23 节距内
1345	−49.03	2.98	0.39	2 号桩腿 23 节距内
1350	−49.05	1.34	0.39	2 号桩腿 23 节距内
1349	39.23	1.52	0.32	2 号桩腿 23 节距内
1193	40.55	1.61	0.31	3 号桩腿 23 节距内
1189	−50.22	3.06	0.43	3 号桩腿 23 节距内
1194	−50.22	1.37	0.43	3 号桩腿 23 节距内

图 5.7 为重力和环境载荷引起的桩腿应力分布图；图 5.8 为平台侧向位移图；最大位移见表 5.3。

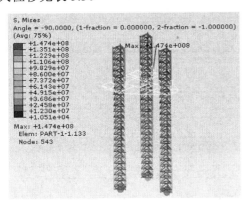

图 5.7　正常作业状态桩腿等效应力图　　　图 5.8　正常作业状态平台位移图

表 5.3　正常作业状态最大侧向位移 　　　　(m)

桩腿序号	侧向位移 δ
1 号	0.469
2 号	0.473
3 号	0.468

由表 5.4 和表 5.5 可知，自存状态下斜撑单元应力也小于弦杆计算应力，且应力峰值大于正常作业状态。

表 5.4　自存状态下环境载荷引起的弦杆单元应力

(MPa)

桩腿号	单元号	轴向应力	弯曲应力 Y 向	弯曲应力 Z 向	弦杆号
1	214	-121.05	17.9	0.14	1
	215	115.57	15.41	0.03	2
	216	-121.09	16.58	0.14	3
2	133	-178.44	19.20	0.25	1
	134	65.04	16.09	0.04	2
	135	-178.35	17.55	0.25	3
3	52	-122.03	17.87	0.14	1
	53	114.39	15.40	0.03	2
	54	122.04	16.55	0.14	3

表 5.5　自存状态下环境载荷引起的斜撑杆单元应力

(MPa)

单元号	轴向应力	弯曲应力 Y 向	弯曲应力 Z 向	位置
1501	-78.72	4.97	0.7	1 号桩腿 23 节距内
1506	-78.70	2.27	0.7	1 号桩腿 23 节距内
1502	69.11	4.99	0.55	1 号桩腿 23 节距内
1345	-76.85	4.82	0.63	2 号桩腿 23 节距内
1350	-76.85	2.22	0.65	2 号桩腿 23 节距内
1349	66.95	2.45	0.56	2 号桩腿 23 节距内
1193	69.17	2.61	0.55	3 号桩腿 23 节距内
1189	-78.80	4.97	0.70	3 号桩腿 23 节距内
1194	-78.79	2.27	0.66	3 号桩腿 23 节距内

　　图 5.9 为自存状态下重力和环境载荷引起的桩腿应力分布图；图 5.10 为平台侧向位移图，最大位移位于表 5.6。

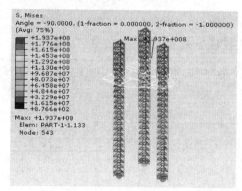

图 5.9　自存状态下桩腿等效应力图

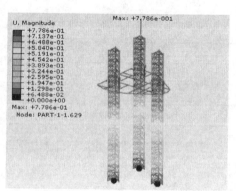

图 5.10　自存状态下平台位移图

表 5.6　自存状态最大侧向位移 (m)

桩腿序号	侧向位移 δ
1 号	0.775
2 号	0.779
3 号	0.775

5.1.3　特征指标校核

由正常作业状态和自存状态应力计算结果，选取出现应力最大值的杆件进行强度和稳定性衡准。衡准采取 CCS 规范中的方法进行，表 5.7 为弦杆最大应力。

表 5.7　弦杆单元最大应力 (MPa)

计算状态	单元号	轴向应力	弯曲应力 Y 向	弯曲应力 Z 向
正常作业	133	−138.44	11.39	0.144
自存	133	−178.44	19.20	0.25

根据 CCS 规范，分别计算许用弯曲应力和许用轴向压缩应力。

许用弯曲应力：

$$[\sigma_{by}] = [\sigma_{bz}] = \frac{\sigma_s}{1.25} = \frac{586}{1.25} = 468 \text{ (MPa)}$$

许用轴向压缩应力：

(1) 由屈服极限除以安全系数得

$$\frac{\sigma_s}{1.25} = 468 \text{ MPa}$$

(2) 整体临界屈曲应力除以工况的安全系数。

按照 CCS 规范 3.3.5.1，许用轴向压缩应力取 (1) 和 (2) 确定的应力较小值。

受压杆件的整体屈曲临界应力 σ_{cr} 按下式计算所得

$$\sigma_{cr} = \begin{cases} \sigma_E, & \sigma_E \leqslant \dfrac{\sigma_s}{2} \\ \sigma_s \left(1 - \dfrac{\sigma_s}{4\sigma_E} \right), & \sigma_E > \dfrac{\sigma_s}{2} \end{cases} \tag{5.7}$$

式中，σ_E 为欧拉应力，MPa，$\sigma_E = \dfrac{\pi^2 E}{(Kl/r)^2}$；$\sigma_s$ 为材料的屈服强度。

对于组合工况，受压杆件的屈曲安全系数 S_u 按下式计算：

$$S_u = \begin{cases} 1.250 + 0.199\lambda_0 - 0.033\lambda_0^2, & \lambda_0 \leqslant \sqrt{2} \\ 1.438\lambda_0^2, & \lambda_0 > \sqrt{2} \end{cases} \tag{5.8}$$

式中，λ_0 为相对长细比，$\lambda_0 = \sqrt{\sigma_S / \sigma_E}$。

由表 5.8 得

$$\frac{\sigma_{cr}}{S_u} = \frac{583.4}{1.276} = 457.21 \, (\text{MPa})$$

于是得到弦杆许用压缩应力为

$$[\sigma_a] = \min(457.21, 468) = 457.21 \, \text{MPa}$$

表 5.8　弦杆屈曲临界应力要素计算表

计算状态	单元号	K	σ_E/MPa	σ_{cr}/MPa	λ_0	S_u
1	133	0.5	33711.88	583.4	0.132	1.276
2	133	0.5	33711.88	583.4	0.132	1.276

根据 CCS 规范，弦杆属于压缩-弯曲组合作用杆件，按照下式进行强度衡准：

当 $\dfrac{\sigma_a}{[\sigma_a]} > 0.15$ 时，有

$$\frac{\sigma_a}{[\sigma_a]} + \frac{C_{my}\sigma_{by}}{\left(1 - \dfrac{\sigma_a}{\sigma'_{ey}}\right)[\sigma_{by}]} + \frac{C_{mz}\sigma_{bz}}{\left(1 - \dfrac{\sigma_a}{\sigma'_{ez}}\right)[\sigma_{bz}]} \leqslant 1 \tag{5.9}$$

根据 CCS 规范，σ_a 为计算轴向拉伸应力，MPa；$[\sigma_a]$ 为许用轴向拉伸应力，MPa；σ'_{ey}、σ'_{ez} 为杆件关于横截面 y 轴和 z 轴的折减欧拉应力，MPa，其中，$\sigma'_{ey} = \dfrac{12\pi^2 E}{23(K_y l_y / r_y)^2}$，$\sigma'_{ez} = \dfrac{12\pi^2 E}{23(K_z l_z / r_z)^2}$。$\sigma_{by}$、$\sigma_{bz}$ 为构件关于横截面 y 轴和 z 轴的计算弯曲应力，MPa，其值可由有限元分析结果文件提取。C_m 为计算弯矩作用平面内屈曲时的等效弯矩系数，C_{my} 对应于 XOY 平面弯矩，C_{mz} 对应于 XOZ 平面弯矩，由于平台桩腿的弦杆为有横向载荷的无相对侧移结构，因此取：$C_{my} = C_{mz} = 0.85$；E 为杆件弯曲弹性模量，$E = 2.1 \times 10^{11} \, \text{Pa}$。

由于该平台的弦杆截面为圆形，故

$$\sigma'_{ey} = \sigma'_{ez} \tag{5.10}$$

取 z 向弯曲许用应力和 y 向弯曲许用应力值相等，即 $[\sigma_{by}] = [\sigma_{bz}]$，则压缩-弯曲强度校核公式可写作：

$$\frac{\sigma_a}{[\sigma_a]} + \frac{0.85(\sigma_{by} + \sigma_{bz})}{\left(1 - \dfrac{\sigma_a}{\sigma'_{ey}}\right)[\sigma_{by}]} \leqslant 1 \tag{5.11}$$

折减欧拉应力计算式为

$$\sigma'_{ey} = \frac{12\pi^2 E}{23(K_y l_y / r_y)^2} \tag{5.12}$$

式中，K_y 杆件的有效长度系数，取 0.5；l_y 为杆件关于横剖面 y 轴的平面内无支撑长度，取 5m；r_y 为杆件对应于 l_y 的横剖面回转惯性半径；

$$r_y = \sqrt{\frac{I}{A}} = \frac{1}{4}\sqrt{D^2 + d^2} = \frac{1}{4}\sqrt{0.945^2 + 0.855^2} = 0.319 \text{ (m)}$$

$$\sigma'_{ey} = \frac{12\pi^2 E}{23(K_y l_y / r_y)^2} = \frac{12\pi^2 \times 2.1 \times 10^{11}}{23 \times (0.5 \times 5 / 0.319)^2} = 17588.68 \text{ (MPa)}$$

由表 5.7 选取 133 号单元进行校核，按照压缩-弯曲组合作用公式在两种状态下进行强度校核。

（1）正常作业状态：

$$\frac{\sigma_a}{[\sigma_a]} + \frac{C_{my}\sigma_{by}}{\left(1 - \dfrac{\sigma_a}{\sigma'_{ey}}\right)[\sigma_{by}]} + \frac{C_{mz}\sigma_{bz}}{\left(1 - \dfrac{\sigma_a}{\sigma'_{ez}}\right)[\sigma_{bz}]} = \frac{106.89}{457.21} + \frac{0.85 \times 11.534}{\left(1 - \dfrac{106.89}{17588.68}\right) \times 468} = 0.26 \leqslant 1$$

强度满足要求。

（2）自存状态：

$$\frac{\sigma_a}{[\sigma_a]} + \frac{C_{my}\sigma_{by}}{\left(1 - \dfrac{\sigma_a}{\sigma'_{ey}}\right)[\sigma_{by}]} + \frac{C_{mz}\sigma_{bz}}{\left(1 - \dfrac{\sigma_a}{\sigma'_{ez}}\right)[\sigma_{bz}]} = \frac{178.44}{457.21} + \frac{0.85 \times 19.45}{\left(1 - \dfrac{178.44}{17588.68}\right) \times 468} = 0.43 \leqslant 1$$

强度也满足要求。

5.2　平台桩腿动态响应特性

自升式平台本身结构复杂，所处的作业海域环境恶劣，尤其会受到波浪载荷的长期作用，这将导致在结构中产生大小和方向不断变化的应力，使得平台的构件极易产生疲劳裂纹，甚至发生疲劳破坏，因此自升式平台动态特性研究对钻井作业的安全可靠性有重要影响。本节对自升式平台桩腿动态响应过程和变化规律进行了分析研究，可为自升式平台结构设计、疲劳寿命评估提供理论指导，也将为类似海工结构物的仿真分析提供借鉴。

5.2.1　平台自振特性分析

1. 建立自振特性分析模型

模态分析的结果与平台的刚度矩阵[K]、质量矩阵[M]有关。平台阻尼较小，对自振频率影响不大，可以忽略。对于不同工况，由于可变载荷大小和位置发生了变化,因此需要对每种工况的平台进行单独的模态分析,以确定其自振特性。由于Abaqus 对模态分析有着特定的要求,所以在静态分析模型的基础上进行以下改动。

(1)计算平台的有效质量时要考虑水下部分桩腿的附连水质量的作用,可取其为同体积水的质量,并将其均匀施加在水下杆件相应的节点上。

(2)自升式平台底部支承条件的选取将会影响平台的刚度。在风、海、流等环境载荷的作用下,地基对桩腿的作用将会减弱,即固结度减弱、刚度减小和自振周期增大,故海底对桩腿的固结度值不宜较大。因此,在自振特性分析中采用和静强度分析相同的海底约束。

2. 自振特性分析结论

采用 Block Lanczos 法提取前 10 阶模态,自升式平台自存状态下前 10 阶自振频率及前四阶振型分别见表 5.9 和图 5.11。

表 5.9　自存状态平台前 10 阶自振频率

模态阶数	1	2	3	4	5
自存频率/Hz	0.17988	0.18207	1.4014	1.4094	1.4094
模态阶数	6	7	8	9	10
自存频率/Hz	2.0621	2.1897	2.2015	2.2237	2.2237

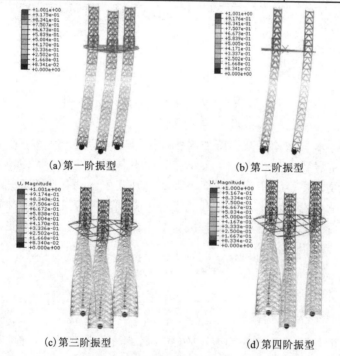

(a)第一阶振型　　　　　　　　　(b)第二阶振型

(c)第三阶振型　　　　　　　　　(d)第四阶振型

图 5.11　自存状态平台前四阶振型

从平台的自振特性来看，平台的前两阶振型在自存状态下分别沿 X、Y 方向振动，平台的自振频率在 0.18Hz 左右，自振周期则在 5.5s 左右，易与波浪中低频成分发生共振；平台的第三阶、第四阶自振频率则发生了突变，振动模态呈现为局部模态，表明平台主体的部分结构发生了局部振动，此时平台的自振周期为 0.7s。

自升式平台正常作业状态下前 10 阶自振频率及前四阶振型如下，分别见表 5.10 和图 5.12。

表 5.10　正常作业状态平台前 10 阶自振频率

模态阶数	1	2	3	4	5
自存频率/Hz	0.17112	0.17320	1.4014	1.4094	1.4094
模态阶数	6	7	8	9	10
自存频率/Hz	2.0621	2.1318	2.1850	2.1982	2.2237

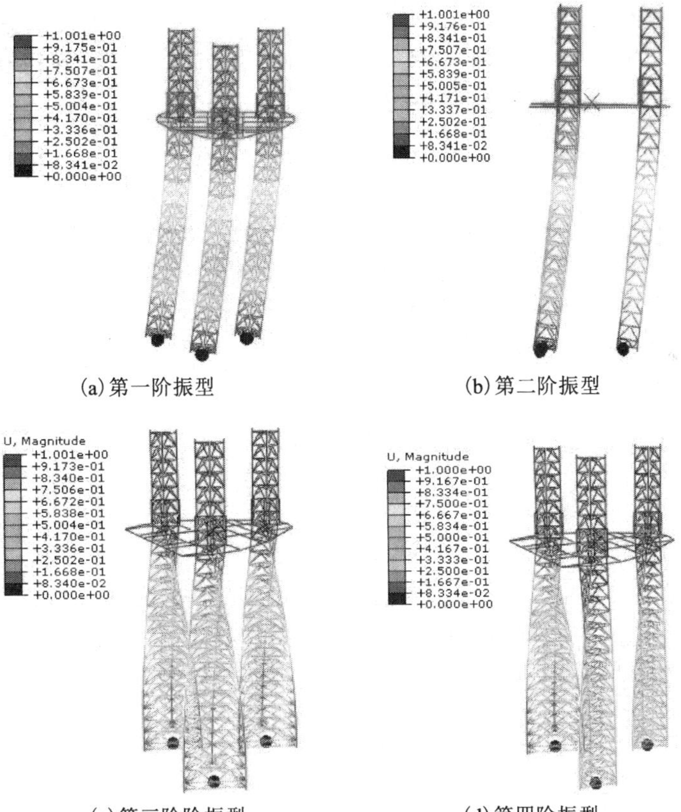

(a) 第一阶振型　　　　　　　　　　　　(b) 第二阶振型

(c) 第三阶振型　　　　　　　　　　　　(d) 第四阶振型

图 5.12　正常作业状态平台前四阶振型

平台的总体质量在正常作业状态下会略微增加，与此同时井架的位置也会发生很大的改变。根据平台正常作业状态下的自振特性可以看出，以上变化使得平台的自振频率有些波动，但是变化不大。总体来说，平台的振型与自存状态下的振型基本保持一致。

和传统的导管架平台相比，自升式平台工作水深范围变动较大，结构自身柔性较大，基本周期一般为 5~6 秒，这与浅水导管架式平台(基本周期 1s 左右)完全不同。由于结构的主振型总是产生在整体刚度小的方向上，振动中的位移总是以整体结构较薄弱的方向开始，而且其基频的频率较低，对应周期很大，可以作为分析平台是否会与波浪发生共振的基本依据。

从平台的自振频率及振型中可以看出，平台的前两阶振型分别为沿 X、Y 方向的振动，自振周期在 5.5s 左右，远小于平台设计波浪周期 13.5s，且波浪组成中波浪周期与平台自振周期相近的波浪成分较少，所以平台结构不易发生共振现象。

5.2.2　基入射角响应分析

这里使用瞬态动力学分析中的 Newmark 时间积分方法计算自升式平台在波流载荷联合作用下桩腿的动力响应。首先探寻了 0°环境载荷作用下自升式平台主体位移、桩腿危险处应力、桩靴载荷等参数的动态响应机制。

1. 平台主体位移分析

在研究过程中，以平台主体重心处的位移代表平台主体位移。$\alpha = 0°$ 时，平台主体位移随着时间的变化历程如图 5.13 所示。从图中所示结果可知，在自存工况和作业工况下，平台主体的位移变化趋势相似，均在一条中心线上下浮动。动态响应周期和波浪周期相接近，经历过两个周期的不稳定波动后，平台主体位移的变化幅值基本不变。

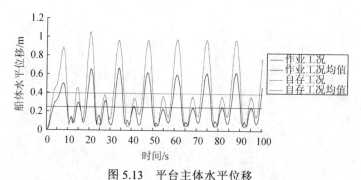

图 5.13　平台主体水平位移

2. 桩腿应力分析

在桩腿应力分析过程中，选取桩腿危险部位的 VonMises 等效应力作为评价参数，其随着时间的变化历程如图 5.14 所示，且变化规律与平台主体水平位移相似。沿着桩腿高度方向，升降锁紧装置区域轴向压应力幅值最大，其次是靠近海面区域，再者是接近海底区域，最小的是桩腿剩余长度区域，几乎为 0。

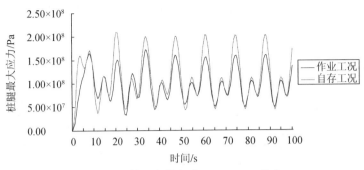

图 5.14   桩腿危险部位 VonMises 应力

3. 桩靴载荷分析

由于结构、载荷和边界的对称性，桩靴 2 受力与桩靴 3 相同，因而只需分析桩靴 1 和桩靴 3 的载荷特性。

由图 5.15 和图 5.16 可以看出，桩靴支反力的变化规律与平台主体位移、桩腿应力类似。在不同的工况下，1 号桩靴和 3 号桩靴的水平载荷都基本相同，并且自存工况明显高于作业工况。自存工况下桩靴 1 的垂直载荷稍微高于作业工况，而桩靴 3 的垂直载荷小于作业工况。不同的工况下，两者的峰值正好交替出现。

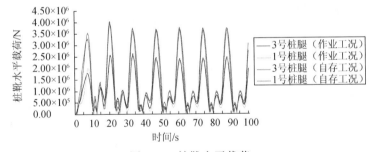

图 5.15   桩靴水平载荷

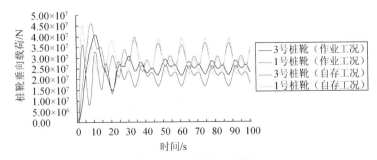

图 5.16   桩靴垂向载荷

由图 5.17 可以看出，桩靴水平力矩的变化趋势和桩靴水平载荷基本相同。在不同的工况下，1 号桩靴和 3 号桩靴的水平力矩都基本相同，并且自存工况明显高于作业工况。

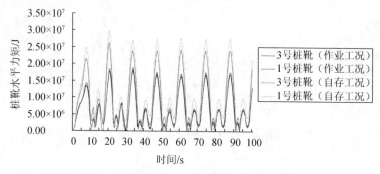

图 5.17　桩靴水平力矩

4. 结论

综合以上分析结果可知，由于自存状态下环境载荷增大，其平台主体位移、桩腿应力以及桩靴水平载荷力矩均高于作业工况；又因为平台惯性载荷和动态波浪载荷的作用，两种工况下平台的动态特性明显高于准静态分析结果，说明准静态分析非常保守，无法精确预测平台的物理特性。

定义动态响应曲线中心线上对应的响应值为均值，最大值为峰值，并采用响应均值和峰值评价自升式平台的动态响应特性。由于结构和载荷的对称性，桩靴 2 受力与桩靴 3 相同，因而只需分析桩靴 1 和桩靴 3 的载荷特性。U、S、H、V、M 分别为平台主体水平位移（$\sqrt{(U_X)^2+(U_Y)^2}$）、桩腿危险部位等效应力、桩靴水平载荷（$\sqrt{(H_2)^2+(H_3)^2}$）、桩靴垂直载荷、桩靴水平力矩（$\sqrt{(M_2)^2+(M_3)^2}$）。由表 5.18 所示结果可知，自存和作业工况下桩腿危险部位所受的峰值应力分别为 208MPa、172MPa，均小于其许用应力，因而满足工作要求。由于自存工况下环境条件恶劣，所以该工况下平台主体水平位移、桩靴水平载荷和桩靴水平力矩约为作业工况的 1.5 倍。由于作业工况下的可变载荷比自存工况高出近 30%，而自存工况下的环境载荷比作业工况恶劣，从而导致了自存工况下桩靴 1 的垂直载荷稍微高于作业工况，而桩靴 3 的垂直载荷小于作业工况。在自存工况下，桩靴 1 的水平载荷、水平力矩和桩靴 3 基本相同，桩靴 1 的垂直载荷约为桩靴 3 的 1.3 倍；在作业工况下，桩靴 1 的垂直载荷约为桩靴 3 的 1.1 倍，其他响应规律与自存工况相似。

表 5.11　自存和作业工况下平台响应的峰值和均值

		U /m	S /MPa	H_1 /MN	V_1 /MN	M_1 /MNm	H_3 /MN	V_3 /MN	M_3 /MNm
自存 工况	峰值	1.054	208.403	3.984	45.616	29.753	4.046	36.397	26.233
	均值	0.396	111.374	1.398	28.939	10.886	1.414	21.616	8.756
作业 工况	峰值	0.665	172.042	2.596	46.090	18.805	2.629	40.903	18.118
	均值	0.247	97.072	0.893	29.478	6.626	0.938	25.081	6.334

5.2.3　入射角影响规律分析

根据 5.2.2 节分析结果可知，自存工况下自升式平台的动态响应比作业工况恶劣，为此，本节选取自存工况，以不同作用角度的环境载荷对平台动态响应影响作对比分析。

1. 平台主体位移分析

由图 5.18 所示结果可知，随着环境载荷作用角度的增大，平台主体 X 方向位移不断减小，Y 方向位移不断增大；在 X-Y 坐标系中，X、Y 位移均值和峰值曲线均呈抛物线分布。图 5.19 为平台主体水平位移峰值和均值随着作用角度变化的响应曲线，其均值随着角度的增大先增大、后减小，当角度为 45° 时，位移均值最大，位移峰值的数值随着角度的增大而增大，且峰值大小接近均值的 2.5 倍。

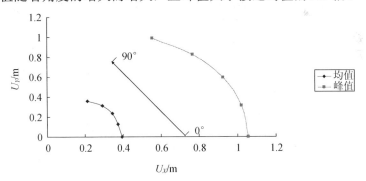

图 5.18　X 方向、Y 方向位移响应

2. 桩腿应力分析

表 5.12 为不同角度环境载荷作用下桩腿危险部位的应力峰值和均值。所示结果可知，该平台最危险的环境载荷作用角度发生在 45° 和 60°，其原因可能为桩腿 2～3 间距大于 1～2 和 1～3；且在所有角度下，桩腿应力均低于其许用应力，这说明桩腿强度满足设计要求。

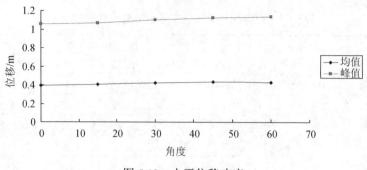

图 5.19　水平位移响应

表 5.12　不同角度环境载荷作用下的桩腿应力

角度/(°)	0	15	30	45	60
峰值/Pa	2.08×10^8	2.54×10^8	2.87×10^8	3.04×10^8	3.08×10^8
均值/Pa	1.11×10^8	1.26×10^8	1.37×10^8	1.41×10^8	1.43×10^8

3. 桩靴载荷分析

桩靴所受垂直载荷 V、水平载荷 H、水平力矩 M 的均值和峰值分别如图 5.20 和图 5.21 所示,这些载荷是评价平台站立稳性的重要参数,也是桩腿进行结构设计所需的重要载荷条件,因此对桩靴载荷动态分析尤为重要。由分析结果可知,桩靴 1 上的垂直载荷峰值和均值随着环境载荷作用角度的增大而减小,桩靴 2 则随着环境载荷作用角度的增大而增大,然而桩靴 3 垂直载荷均值随着作用角度的增大而减小,而峰值则是先减小后增大,其中最大垂直载荷发生在 0° 环境载荷作用时的桩靴 1 上;水平载荷和水平力矩的变化趋势一致,随着作用角度的不断增大,桩靴1、2的水平载荷及力矩也不断增大,而桩靴 3 则先减小后增大,显然环境载荷作用角度为 60° 时桩靴水平载荷、力矩最大,但总的来说,所有桩靴上的水平力矩均变化不大。

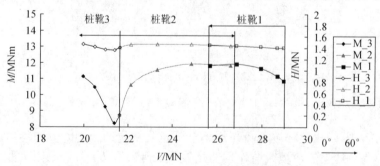

图 5.20　不同角度环境载荷作用下的桩靴载荷均值

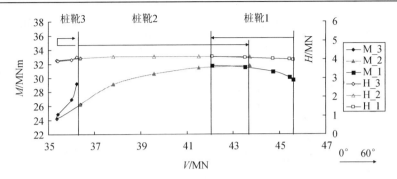

图 5.21　不同角度环境载荷作用下的桩靴载荷峰值

5.3　南海北部湾处平台动态响应

根据 2.4 节研究内容选取危险风向角为特征角度进行南海北部湾处平台动态响应评估，讨论不同环境参数与流体动力参数下平台响应差异。

5.3.1　环境参数与流体动力参数配对

通过控制变量法分别分析环境参数与流体动力参数对自升式平台响应结果的影响。首先，分析 5 种环境参数的变化所带来的响应差异(对应到表 5.13 中工况 1~5)，工况 1~5 风阻系数采用实验值，拖曳水动力系数采用规范水动力系数，工况 1 的环境参数为 2.2.4 节单因素法得到的环境参数，工况 2~5 的环境参数对应 2.3.4 节中环境参数编号 1~4；其次，分析 4 种不同的风阻系数组合所带来的响应差异(对应到表 5.13 中工况 1 与工况 6~8)，各工况统一采用单因素法环境参数，工况 6 采用风阻系数实验值与仿真拖曳水动力系数，工况 7 采用规范风阻系数与规范拖曳水动力系数，工况 8 采用规范风阻系数与仿真拖曳水动力系数(粗糙度级别 R7)。

表 5.13　环境与流体动力参数组合

参数		工况 1	工况 2	工况 3	工况 4	工况 5	工况 6	工况 7	工况 8
v/(m/s)		24.7608	24.7608	24.7608	16.8608	15.3783	24.7608	24.7608	24.7608
X 向分量		9.4755	9.4755	9.4755	6.4523	5.8850	9.4755	9.4755	9.4755
Y 向分量		22.8760	22.8760	22.8760	15.5774	14.2077	22.8760	22.8760	22.8760
C_{wind}		1.1850	1.1850	1.1850	1.1850	1.1850	1.1850	0.4~1.5	0.4~1.5
h/m		5.6640	4.4850	4.1678	5.6640	5.6640	5.6640	5.6640	5.6640
C_{drag}	1#	1.0393	1.0393	1.0393	1.0393	1.0393	0.9781	1.0393	0.9781
	2#	1.1745	1.1745	1.1745	1.1745	1.1745	1.0839	1.1745	1.0839
	3#	1.9535	1.9535	1.9535	1.9535	1.9535	2.5191	1.9535	2.5191

这里假设流向角与危险风向角一致。则危险风向角下平台风向角 θ_{wind} 与弦杆入射角 θ_{water} 之间的关系如图 5.22 所示。由 2.4 节知危险风向角下 θ_{wind} 为 112.5°，则弦杆 1#、4#、7#的入射角为 22.5°，2#、5#、8#的入射角为 37.5°，3#、6#、9#的入射角为 82.5°。此外，将平台主体最大位移量作为平台响应分析的评价指标，该指标影响钻井设备操作安全。

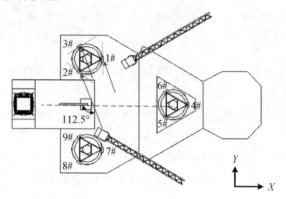

图 5.22　平台风向角与弦杆流向角之间的关系

5.3.2　平台位移响应差异性分析

1. 风浪环境参数影响

图 5.23 为不同环境参数作用下平台位移动态响应图，平台位移在 400s 后输出呈现出规律性，部分特征数值见表 5.14。对比工况 1 与其他 4 种工况可知，单因素法推算得到的平台位移各项指标(除最小值外)均高于条件概率法。对比工况 1、工况 2 和工况 3，可知当有义波高降低 20.82%与 26.42%时，平台振幅发生显著下降，分别为 23.82%与 30.11%，下降幅度甚至超过环境参数下降幅度，此外平台最大位移下降幅度不大，位移均值基本不变，稳定在 365mm。对比工况 1、工况 4 与工况 5，可知当风速下降 31.91%与 37.89%时，各项位移指标均发生显著下降，振幅分别下降 28.54%与 34.16%，位移均值分别下降 20.30%与 22.67%，下降幅度略低于环境参数下降幅度。说明改变环境参数推算方法能够有效地减小平台位移响应。

2. 流体动力参数影响

图 5.24 为不同流体动力参数作用下平台位移动态响应图，平台位移在 400s 后输出呈现出规律性，部分特征数值见表 5.15。

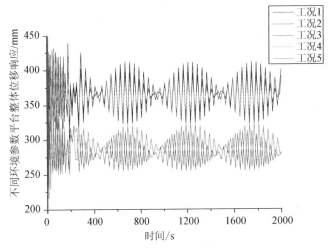

图 5.23　不同环境参数作用下平台位移对比

表 5.14　不同环境参数作用下平台位移指标

指标	工况 1	工况 2	工况 3	工况 4	工况 5
最大值/mm	411.5	398.6	395.4	324.3	313.0
最小值/mm	322.5	330.9	333.3	260.7	254.5
均值/mm	367.0	364.8	364.4	292.5	283.8
振幅/mm	44.5	33.9	31.1	31.8	29.3

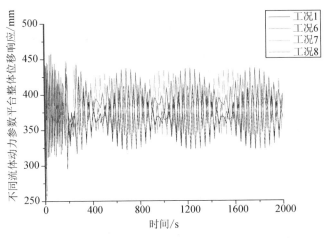

图 5.24　不同流体动力参数作用下平台位移对比

表 5.15　不同流体动力参数作用下平台位移指标

指标	工况 1	工况 6	工况 7	工况 8
最大值/mm	411.5	414.7	434.6	437.4
最小值/mm	322.5	323.5	342.1	342.3
均值/mm	367.0	369.1	388.4	389.9
振幅/mm	44.5	45.6	46.3	47.6

对比工况 1 与工况 6，可以发现拖曳水动力系数的修正，对危险风向角下的平台位移响应影响并不大，修正后振幅均发生微幅增长，其他指标变化不大，此外对比工况 7 与工况 8 可得到相似结论，这主要是由于危险风向角下水动力系数修正值增减不一，相互存在抵消效应。对于工况 1 与工况 7，可以发现，风阻系数的修正使得在危险风向角下平台位移各项指标值下降，修正效果超过拖曳水动力系数，对比工况 2 与工况 8 可以得到类似结论。

第6章 站立工况下平台桩腿管 节点疲劳寿命评估

本章首先采用正交试验法分析结构参数对管节点交变应力影响规律，其次在不考虑桩腿初始裂纹即理想状态下，使用 S-N 曲线法进行桩腿疲劳寿命评估，最后考虑初始裂纹的影响，使用断裂力学对桩腿疲劳寿命进行再次评估。

6.1 几何参数对管节点应力影响规律分析

本节采用有限元软件 Abaqus/Standard 处理模块研究 TY-TY 类型管节点在受轴向作用力下焊缝周围的应力分布规律，并结合正交试验理论，探究每个几何参数因素对应力影响的敏感性。

6.1.1 管节点数值模型构建

1. 管节点几何参数

桩腿 TY-TY 管节点是海洋平台桩腿结构中特别常见的结构之一，如图 6.1 所示。

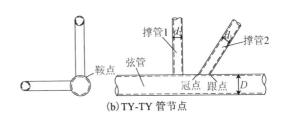

<table>
<tr><td>(a) 自升式平台桩腿管节点</td><td>(b) TY-TY 管节点</td></tr>
</table>

图 6.1 桩腿 TY-TY 管节点示意图

下面分别列出了 TY-TY 管节点的参数类型，各参数定义如下：D 为弦管直径；d_1 或 d_2 为撑管直径；T 为弦管壁厚；g 为撑管间间距；t_1 或 t_2 为撑管壁厚；θ_1 或 θ_2 为受拉和受压撑管与弦管间夹角；φ 为撑管间的横向夹角；L、l 为弦管和撑管长度；$\alpha_{弦管}=2L/D$、$\alpha_{弦管}=2l/d$ 为弦管和撑管长度；$\beta=d_1/D$ 或 $\beta=d_2/D$ 为撑管和弦管直径比；$\gamma=D/2T$ 为弦管直径与壁厚比；$\tau=t_1/T$ 或 $\tau=t_2/T$ 为撑管和弦管壁厚比；$\xi=g/D$ 为撑管间间隙和弦管直径比。

挪威船级社(DNV)于 2010 年指出，对于海洋工程结构设计中所涉及的管节点尺寸范围：在对 TY-TY 管节点进行性能分析时，往往只针对 α、β、γ、θ、τ、ξ 等几个重要参数，这些管节点几何特征参数对管节点的疲劳寿命起决定性作用，因此对其进行分析研究具有重要意义。

2. 数值模型

目前在对长厚比大的管节点进行应力分析时，薄壳单元运用最为广泛。根据板壳理论，壳的壁厚小于壳边长的 1/10 或更小时采用壳单元取代三维实体单元，同时，壳单元中的薄壳单元不能传递剪切力，而厚壳单元可以传递剪切力。由于自升式平台桩腿管节点的厚度远小于其直径管节点，并且在应力研究中剪切力对于疲劳寿命的影响很小，因而本章采用薄壳单元进行分析。

本节采用 HyperMesh 对管节点进行网格划分，其一般原则为：在应力梯度高、曲率应力变化大的区域，网格需要细致划分，保证足够单元数量，同时保证薄壳单元具有很好的形状比，从而确保计算结果的精确性和收敛性；在应力梯度相对较低的区域，即远离弦管与撑管的相交处，为了减少计算分析时的存储空间和时间，该区域的网格划分可以相对稀疏，并且单元形状要求不高。根据这个原则，可以将管节点结构划分成多个区域，再对每一个区域进行网格划分。如图 6.2(a)、(b)分别为管节点网格加密前和网格加密后的状态。

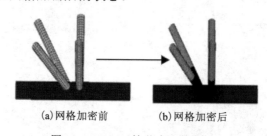

(a)网格加密前　　　　　　(b)网格加密后

图 6.2　TY-TY 管节点网格划分

6.1.2　几何参数影响规律分析

1. 热点应力定义

本章中热点应力是评价 TY-TY 管节点疲劳特性的关键参数。对于热点应力的定义，不同的设计规范中有一定的差别，目前主要有以下两种定义：定义一，热点应力是沿焊缝的最大应力；定义二，热点应力是通过外推插值法来得到的焊趾处的应力，国际焊接协会在 1985 年出版的疲劳设计手册采用了定义二的方式。考虑到现有有限元法很难对焊缝进行直接的有限元模拟，因此采用定义二来计算管节点的热点应力更具准确性与可行性。

对于通过壳单元来建立的管节点有限元模型，通常用其单元表面的最大主应力值来计算焊接处的热点应力，这里采用两点线外推法计算热点应力值，如图 6.3 所示，取单元表面的插值点处的最大主应力值进行线性外推，按公式(6.1)计算热点应力值：

$$\sigma_h = \frac{3\sigma_{t/2} - \sigma_{3t/2}}{2} \tag{6.1}$$

式中，t 为板厚，$\sigma_{t/2}$、$\sigma_{3t/2}$ 表示距离 $t/2$、$3t/2$ 处的最大主应力值。在对管节点进行网格划分时，有时很难把网格控制在 $t/2$ 和 $3t/2$ 点处，这时可以利用 Lagrange 插值法来求出该位置处的应力，如图 6.3 所示。

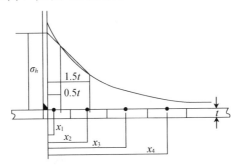

图 6.3　有限元节点插值法

其中计算公式为

$$\sigma = c_1\sigma_1 + c_2\sigma_2 + c_3\sigma_3 + c_4\sigma_4 \tag{6.2}$$

$$c_1 = \frac{(x-x_2)(x-x_3)(x-x_4)}{(x_1-x_2)(x_1-x_3)(x_1-x_4)} \tag{6.3}$$

$$c_2 = \frac{(x-x_1)(x-x_3)(x-x_4)}{(x_2-x_1)(x_2-x_3)(x_2-x_4)} \tag{6.4}$$

$$c_3 = \frac{(x-x_1)(x-x_2)(x-x_4)}{(x_3-x_1)(x_3-x_2)(x_3-x_4)} \tag{6.5}$$

$$c_4 = \frac{(x-x_1)(x-x_2)(x-x_3)}{(x_4-x_1)(x_4-x_2)(x_4-x_3)} \tag{6.6}$$

式中，σ_1、σ_2、σ_3、σ_4 为在节点 1、2、3、4 处的最大主应力值；c_1、c_2、c_3、c_4 为系数；x 为插值点距焊趾的距离；x_1、x_2、x_3、x_4 为节点 1、2、3、4 距焊趾的距离。

2. 热点应力数值求解方法

如图 6.4 为 TY-TY 管节点示意图，设定几何参数 $\alpha = 12$、$\beta = 0.3$、$\gamma = 14$、$\theta = 60°$、$\tau = 0.3$，约束弦管和撑管 1 端部的六个自由度，用多点运动耦合单元

（coupling）对撑管 2 端部轴向施加 1000kN 的压力，然后利用 Abaqus/Standard 处理模块对其进行数值模拟。

经计算得在轴向力为 1000kN 的作用下 TY-TY 管节点的应力沿焊缝周围的变化趋势如图 6.5 所示，管节点应力、位移如图 6.6 和图 6.7 所示。从图 6.5 和图 6.6 可以清晰地看出，在冠点处的应力达到最大值，跟点次之，而在鞍点处的应力最小。在改变几何参数的情况下经过多次模拟计算，得到的应力分布情况也基本保持一致。所以在轴向力的作用下，TY-TY 发生疲劳损伤时，疲劳裂纹很容易从撑管的冠点处萌生并沿着焊缝向两侧对称扩展。

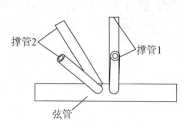

图 6.4　管节点示意图

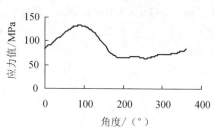

图 6.5　应力沿焊缝周围变化趋势图

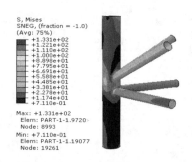

图 6.6　TY-TY 管节点应力图

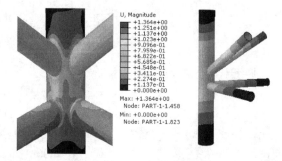

图 6.7　TY-TY 管节点位移图

3. 结论

1）正交试验理论

正交试验设计是一种针对多因素进行试验分析的有效方式。该方法的优点就是能够从众多的试验因素的水平组合中挑选出最具代表性的组合来进行试验分析，通过选择之后只要进行少量的试验便能根据分析结果找出最优的水平组合。

在进行试验时，首先从每个因素的分析范围内选出几个水平数，就如同在选优区中选中网格，如果在网格上所有节点都做试验即全面试验。比如，可以采用一个立方体来代表一个 3 因素 3 水平的正交试验，每个因素都取三个水平，这样便把立方体隔成 27 个格点。假设要全面进行试验，那么试验次数将达到 27 次，如图 6.8（a）

所示，如果因素继续增加，需要进行的试验次数将急剧增大，如此大的工作量不仅降低工作效率，而且毫无意义。因此，选用正交试验方法进行试验即可从选优区所有节点中选出有代表性的试验点来进行分析，故只要进行很少的试验就能达到分析的结果，如图 6.8(b) 所示。

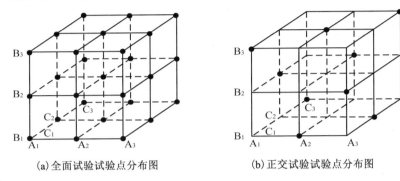

(a) 全面试验试验点分布图   (b) 正交试验试验点分布图

图 6.8　3 因素 3 水平的全面试验与正交试验试验点分布图

2) 试验方案设计

本节采用正交试验的方法研究了等关键几何参数对其疲劳性能影响的敏感性。每个因素取 3 个水平见表 6.1，得到对应的试验方案和应力值见表 6.2。

表 6.1　因素水平表

水平	因　　素				
	α	β	γ	θ /(°)	τ
1	8	0.3	10	20	0.3
2	12	0.4	14	40	0.4
3	16	0.5	18	60	0.5

表 6.2　正交试验方案和试验结果

试验序号	因素					最大应力值 /MPa
	α	β	γ	θ /(°)	τ	
1	8	0.3	10	20	0.3	43.3
2	8	0.4	14	40	0.4	33.3
3	8	0.5	18	60	0.5	27.1
4	12	0.3	10	40	0.4	73.4
5	12	0.4	14	60	0.5	62.1
6	12	0.5	18	20	0.3	102.2
7	16	0.3	14	20	0.5	145.9

试验序号	因素					最大应力值 /MPa
	α	β	γ	$\theta/(°)$	τ	
8	16	0.4	18	40	0.3	223.9
9	16	0.5	10	60	0.4	76.1
10	8	0.3	18	60	0.4	56.8
11	8	0.4	10	20	0.5	19.9
12	8	0.5	14	40	0.3	34.9
13	12	0.3	14	60	0.3	132.7
14	12	0.4	18	20	0.4	96.3
15	12	0.5	10	40	0.5	34.6
16	16	0.3	18	40	0.5	184.2
17	16	0.4	10	60	0.3	126.5
18	16	0.5	14	20	0.4	106.6

3）试验结果分析

（1）极差分析。

极差值 R 是在多因素分析中评价影响因素敏感性的参数，可以根据其值的大小来判断该因素的影响程度。极差值越大，代表这个因素的数值在试验范围之内变化时，导致的试验结果变化就越大，所以极差最大的一列，就是因素的水平变化对试验结果影响最大的因素，即主要因素。极差值 R 可以根据式（6.7）计算得到：

$$R = \max\{k_{ij}\} - \min\{k_{ij}\} \tag{6.7}$$

式中，i 为因素水平数；j 为因素数；k_{ij} 为因素 j 在 i 水平下各试验结果之和的均值。

$$k_{ij} = \frac{K_{ij}}{n} \tag{6.8}$$

式中，K_{ij} 为因素 j 在 i 水平下的各试验结果之和；n 为因素 j 在 i 水平下的试验次数，对试验结果进行极差分析，见表 6.3。

表 6.3　正交试验极差分析

分析指标	α	β	γ	θ	τ
K_{1j}	215.3	636.3	373.8	514.2	663.5
K_{2j}	501.3	562	515.5	584.3	442.5
K_{3j}	863.2	381.8	690.5	481.3	473.8
k_{1j}	35.9	106.1	62.3	85.7	110.6

续表

分析指标	α	β	γ	θ	τ
k_{2j}	83.55	93.7	85.9	97.4	73.8
k_{3j}	143.9	63.6	115.1	80.2	79
R	108	42.5	52.8	17.2	36.8

从极差分析结果可以看出，参数 α 的极差值最大为 108，表明参数 α 对 TY-TY 管节点的疲劳性能影响程度最大；参数 θ 的极差最小为 17.2，表明在试验中，因素 θ 对管节点的影响程度最小。因此，TY-TY 管节点各影响因素的敏感程度从大到小依次为 α、γ、β、τ、θ，即 α 是影响管节点承载能力的主导因素，γ、β 和 τ 次之，θ 影响最小。

(2)影响因素分析。

参数 α 对焊缝处应力大小的影响单调且有规律性。如图 6.9(a)所示，随着参数 α 的增加，应力值也随之增加，且应力值和参数 α 之间的关系接近于线性变化。根据应力随着参数 α 的变化情况可以发现：α 的变化引起的应力变化非常显著，由此证明了参数 α 对管节点承载力变化的敏感性。因为 α 是表征弦管大小的参数（$\alpha = 2L/D$，L 和 D 分别为弦管的长度和直径），所以可以认为随着弦管直径的变大，对应的应力值变小即管节点的疲劳寿命变大。

如图 6.9(b)所示，β 为参数对焊缝周围区域应力变化的影响。从图中可以看出，该因素对应力大小的影响也是单调的，且随着参数 β 的增加对应的应力值随之变小，两者之间的关系接近线性变化。因为 β 表征撑管大小的参数（$\beta = d/D$，d 为撑管 1 和 2 的直径），所以可以得出应力值随着撑管直径变大单调递减。

如图 6.9(c)所示，参数 γ 对应力值的影响和参数 α 非常类似，也是接近线性变化，且呈单调递增的趋势，但影响的程度相对于 α 较小，由于 γ 表征弦管厚度的参数（$\gamma = D/2T$，T 为弦管的厚度），所以可以得出应力值随着弦管厚度增加单调递减。

参数 θ 对管节点应力的影响如图 6.9(d)所示。参数 θ 对应力的影响并不是单调的，应力值先是随着 θ 的增大而增大，到一定程度后又随着参数 θ 的增大而减小。

参数 τ 对管节点应力的影响如图 6.9(e)所示。参数 τ 对应力的影响和类似也并不是单调的，但应力值先随着 τ 的增大而减小，到一定程度后又随着参数 τ 的增大而增大。由于 τ 是描述撑管厚度的参数，τ 越大，表明撑管厚度越大，但是管节点处应力并不是随着 τ 的增加而单调递减，这是因为当撑管的厚度变大时导致撑管在焊缝处的刚度变大，同时意味着弦管相对于撑管的刚度减弱，使该部位的应力集中程度加大，从而出现撑管厚度增加应力值有回升的情况。

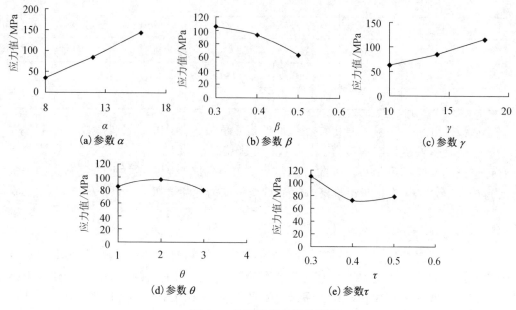

图 6.9　各因素变化趋势图

6.2　理想状态下的桩腿疲劳寿命评估

自升式平台在作业过程中，其桩腿长期受到环境载荷的持续作用，使其结构中产生大小交变的应力，很容易引起疲劳损伤，甚至可能导致整个平台的塌陷。在众多环境载荷中，波浪载荷是引起疲劳最主要的原因。海浪所受的影响因素很多，因此波浪载荷的特征错综复杂。本节运用谱分析法来分析波浪载荷对海洋平台桩腿危险节点的疲劳寿命的影响情况，首先利用 Stokes 5 阶波浪理论来分析计算不同浪向角及波浪频率下典型节点的热点应力传递函数，再结合中国南海波浪散布图以及疲劳理论，完成对桩腿各典型节点的疲劳强度评估。

6.2.1　基础理论分析

本节主要讨论不考虑初始裂纹即理想状态下桩腿疲劳寿命的评估方法，一般采用 S-N 曲线对理想状态下的桩腿进行疲劳寿命评估，评估步骤如下。

(1)确定复杂的传递函数，特别是位于结构受载时应力较大的位置。

(2)应力能量谱 $S\sigma(\omega\,|\,Hs,Tz,\theta)$ 的计算，可根据公式(6.9)对能量谱 $S\sigma(\omega\,|\,Hs,Tz,\theta)$ 进行计算：

$$S\sigma(\omega\,|\,Hs,Tz,\theta) =|\,H\sigma(\omega\,|\,\theta)\,|\,2S\eta(\omega\,|\,Hs,Tz) \tag{6.9}$$

(3)计算谱矩，第 n 阶的谱矩 m_n 公式为

$$m_n = \int_0^\infty \omega S\sigma(\omega \,|\, Hs, Tz, \theta)\mathrm{d}\omega \tag{6.10}$$

大多数疲劳损伤多数集中在较低的海况下，同时需要考虑暴涛短峰波对疲劳损伤的影响。通常，θ 角度的选择值介于波峰两侧 $+90°\sim-90°$。经修改后谱矩的表达式为

$$m_n = \int_0^\infty \sum_{\theta-90°}^{\theta+90°} \left(\frac{2}{\pi} \cos^2 \theta \omega^n S_\sigma \left(\omega | H_S, T_z, \theta \right) \mathrm{d}\omega \right) \tag{6.11}$$

(4)短期应力分布可以通过谱矩与瑞利概率分布密度函数(pdf)来表示，应力的零上切频率与带宽系数可以对 Wirsching 雨流修正进行计算：

瑞利分布的概率密度的分布函数：

$$g(s) = \frac{s}{4\sigma^2} \exp\left[-\left(\frac{s}{2\sqrt{2}\sigma} \right)^2 \right] \tag{6.12}$$

零上切频率为

$$f = \frac{1}{2\pi} \sqrt{\frac{m_2}{m_0}} \tag{6.13}$$

谱带宽系数为

$$\varepsilon = \sqrt{1 - \frac{m_2^2}{m_0 m_4}} \tag{6.14}$$

式中，s 为变化范围；$\sigma = \sqrt{m_0}$；m_0，m_2，m_4 为谱矩。

(5)基于线性累积损伤准则计算总损伤值：

$$D = \sum_{i=1}^J d_i = \sum_{i=1}^J \frac{n_i}{N_i} \tag{6.15}$$

式中，n_i 为某一应力幅值循环的次数；N_i 为等幅循环载荷下使结构达到失效的循环次数(根据规范推荐的 S-N 曲线)；J 为总的循环次数。

在第 i 种海况下，用 $N = AS^{-m}$ 形式表达 S-N 曲线时的短期损伤为

$$D_i = \left(\frac{T}{A} \right) \int_0^\infty S^m f_{0i} p_i g_i \mathrm{d}s \tag{6.16}$$

式中，D_i 为发生在第 i 种海况下的损伤值；m，A 为描述 S-N 曲线的参数；T 为设计寿命；f_{0i} 为应力响应的零上切频率；p_i 为 H_s 和 T_z 联合概率；g_i 为第 i 种海况下的概率密度分布函数；S 为应力变化范围值。

在波浪分布图中，将各海况的疲劳损伤求和，得到总的疲劳损伤 D 为

$$D = \left(\frac{f_0 T}{A}\right) \int_0^\infty s^m \left[\sum_{i=1}^M f_{0i} p_i g_i / f_0\right] \mathrm{d}s \tag{6.17}$$

式中，D 为总累积疲劳损伤；f_0 为超过使用寿命的平均频率。

用 $g(s)$ 表示应力范围：

$$g(s) = \frac{\sum_i f_{0i} p_i g_i}{\sum_i f_{0i} p_i} \tag{6.18}$$

因此，总的疲劳损伤表达式 D 可表达为

$$D = \frac{N_T}{A} \int_0^\infty s^m g(s) \mathrm{d}s \tag{6.19}$$

式中，N_T 为在设计寿命 T 内总的载荷循环次数。

（6）若所计算出的结果与规范中 20 年的设计寿命一样，则结构的疲劳寿命为 20/D 年。若要延长设计寿命，那么所计算的损伤值也会增大。

对于某一线性 S-N 曲线，闭合损伤表达式为

$$D = \frac{T}{A} \left(2\sqrt{2}\right)^m \Gamma(m/2+1) \sum_{i=1}^M \lambda(m,\varepsilon_i) f_{0i} p_i (\sigma_i)^m \tag{6.20}$$

式中，$\sigma_i = \sqrt{m_0}$ 为第 i 种海况下的应力；λ 为 Wirsching 模型的雨流因子，定义为

$$\lambda(m,\varepsilon_i) = a(m) + \left[1 - a(m)\right]\left[1 - \varepsilon_i\right]^{b(m)} \tag{6.21}$$

式中，$a(m) = 0.926 - 0.033m$；$b(m) = 1.587m - 2.323$；$\varepsilon_i = \text{Spectral Bandwidth}$（波普频率）。

对于双段 S-N 曲线，在点 $Q = (N_Q, S_Q)$ 处，斜率由 m 变为 $m + \Delta m (\Delta m > 0)$，常数 A 变成 C，疲劳累积损伤表达式（6.16）变为

$$D = \frac{T}{A} \left(2\sqrt{2}\right)^m \Gamma(m/2+1) \sum_{i=1}^M \lambda(m,\varepsilon_i) \mu_i f_{0i} p_i (\sigma_i)^m \tag{6.22}$$

式中，μ_i 为介于 0 和 1 之间的持久系数，以表示对损伤的贡献，表达式为

$$\mu_i = 1 - \frac{\int_0^{S_Q} s^m g_i \mathrm{d}s - \left(\frac{A}{C}\right) \int_0^{S_Q} S^{m+\Delta m} g_i \mathrm{d}s}{\int_0^\infty s^m g_i \mathrm{d}s} \tag{6.23}$$

如果应力为瑞利分布，则 μ_i 的表达式为

$$\mu_i = 1 - \frac{\Gamma_0(m/2+1, v_i) - (1/v_i)^{\Delta m/2} \Gamma_0(r/2+1, v_i)}{\Gamma(m/2+1)} \tag{6.24}$$

式中

$$v_i = \left(\frac{S_Q}{2\sqrt{2}\sigma_i} \right)^2 \tag{6.25}$$

Γ_0 表示不完全函数，表达式为

$$\Gamma_0(a,x) = \int_0^x \mu^{a-1} \exp(-u)\mathrm{d}u \tag{6.26}$$

6.2.2　热点疲劳寿命评估

1. 危险点选择

对于自升式平台桩腿的疲劳寿命分析，由于其管节点数目众多，很难做到对每个节点进行寿命计算，因此，需要确定其结构最容易发生疲劳损坏的位置，选出最具代表性的节点进行疲劳寿命计算。

计算波浪和海流引起的拖曳力和惯性力，并分布施加到桩腿浸入水中部分的单元上。通过进行不同工况下(浪向为 0°、60°、90°、120°、180°，周期为 2～13s 的单位波高载荷)的强度分析，可以发现在作业工况下桩腿弦杆应力较大区域集中在左舷和艉部桩腿的飞溅区。其中，当浪向角为 120° 时桩腿的应力值达到最大，因此在材料疲劳特性一致时该区域最易发生疲劳破坏。根据此工况下的计算结果选取了 4 个应力较大的管节点(右舷桩腿上的管节点 A、B 和艉桩桩腿上的管节点 C、D)作为疲劳寿命分析的关键点，其具体位置如图 6.10 所示。

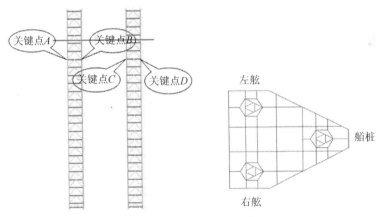

图 6.10　关键点的位置

2. 海况资料统计

本节以中国南海海浪长期统计资料为例，对其主要的 24 种短期工况进行疲劳损伤值计算，表 6.4 为中国南海海浪长期资料，表 6.5 为 24 种短期工况及其出现概率。

表 6.4　中国南海海浪长期资料

Area40 南海海域，Percentage of OBS =100.00%，（Including 1.30% direction unknown）

T_z / H_s	<4	4~5	5~6	6~7	7~8	8~9	9~10	10~11	11~12	12~13	>13	SUM
>9												
8~9				1	1	1						3
7~8				1	2	1	1					5
6~7			1	3	3	2	1					10
5~6			3	8	8	5	2	1				27
4~5		1	9	19	17	9	3	1				59
3~4		4	26	45	34	15	4	1				129
2~3		14	64	85	52	19	5	1				240
1~2	2	41	118	108	47	12	2					330
0~1	13	64	76	36	9	2						200
TOTAL	15	124	297	306	173	66	18	4				1003

注：H_s 表示有义波高，单位 m；T_z 表示平均跨零波浪周期，单位 s；TOTAL 和 SUM 表示发生总次数。

表 6.5　疲劳分布的短期工况

编号	(H_s, T_z)	出现的概率/%	编号	(H_s, T_z)	出现的概率/%
1	(0.5, 2)	1.3	13	(2.5, 7.5)	5.2
2	(0.5, 4.5)	6.4	14	(2.5, 8.5)	1.9
3	(0.5, 5.5)	7.6	15	(3.5, 5.5)	2.6
4	(0.5, 6.5)	3.6	16	(3.5, 6.5)	4.5
5	(1.5, 4.5)	4.1	17	(3.5, 7.5)	3.4
6	(1.5, 5.5)	11.8	18	(3.5, 8.5)	1.5
7	(1.5, 6.5)	10.8	19	(4.5, 5.5)	0.9
8	(1.5, 7.5)	4.7	20	(4.5, 6.5)	0.8
9	(1.5, 8.5)	1.2	21	(4.5, 7.5)	1.7
10	(2.5, 4.5)	1.4	22	(4.5, 8.5)	1.9
11	(2.5, 5.5)	6.4	23	(5.5, 6.5)	0.8
12	(2.5, 6.5)	8.5	24	(5.5, 7.5)	0.8

3. 热点应力谱计算

1）传递函数建立

根据单位波高载荷下桩腿管节点不同浪向的各危险点主应力幅值，可以得出各个危险点不同浪向下的传递函数，图 6.11（a）～（d）分别表示 A、B、C、D 对应的传递函数。从图中可以看出，较大的第一主应力响应幅值出现在波浪周期为 6～12s 范围之内，说明上述危险点在该周期范围内的应力响应较大。

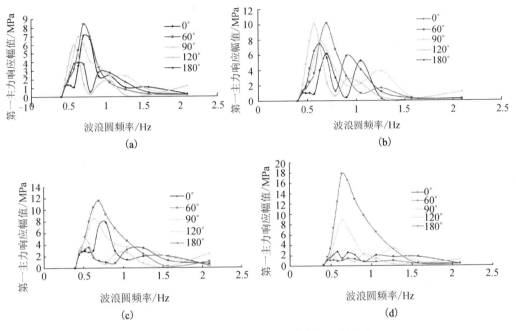

图 6.11　各危险点的第一主应力幅传递函数

2）波浪谱选择

海面上的波浪一般都是高低不平、杂乱无章的。从信号组成上来看，实际的波浪可看作由许多波高和周期不等、方向不一、相位杂乱的多种波组合而成的结果。为了能够更好地探索短期波浪内部的规律性，研究人员描述了适用于不同海域的波浪谱。在对桩腿进行疲劳分析时，通常采用的是以下三种波浪谱，分别为 Pierson-Moskowitz 谱（P-M 谱）、TMA 谱和北海波浪联合的计划谱（JONSWAP 谱），其各自曲线图如图 6.12 所示。根据 DNV 设计规范的有关要求，这里采用 P-M 谱进行疲劳寿命分析，该波浪谱尤其适合于无限风区充分发展的波浪。

$$S(\omega) = H_s^2 \frac{T_Z}{8\pi^2} \left(\frac{\omega T_Z}{2\pi} \right)^{-5} \exp\left[-\frac{1}{\pi} \left(\frac{\omega T_Z}{2\pi} \right)^{-4} \right] \tag{6.27}$$

式中，H_S 为有义波高；T_Z 为平均跨零周期；ω 为波浪频率。根据上述提供的 P-M 谱公式可得出在不同海况下波浪谱密度的分布情况，如图 6.13 所示，为海况（3.5，5.5）的波浪密度分布。

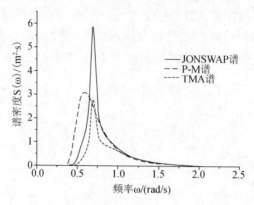

图 6.12　波浪谱的曲线图

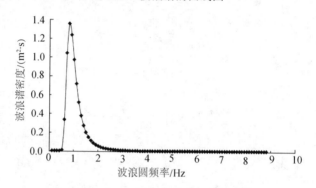

图 6.13　H=3.5m，T=5.5s 的 P-M 波浪谱

3) 功率谱计算

结构热点应力功率谱密度函数计算公式如下：

$$S_\sigma(\omega|H_S,T_Z,\theta) = |H_\sigma(\omega|\theta)|^2 \cdot S(\omega|H_S,T_Z) \tag{6.28}$$

式中，$S_\sigma(\omega|H_S,T_Z,\theta)$ 是节点热点应力功率谱密度函数；$H_\sigma(\omega|\theta)$ 是热点应力传递函数；$S(\omega|H_S,T_Z)$ 是波浪谱密度函数。

4) 热点应力统计特性

热点应力是一种交变应力，属于随机正态过程。其对应的统计特性可由热点应力功率谱密度函数来得出。可以使用的统计特性有标准差、跨零率以及带宽系数 ε，其相应的计算公式如下：

$$\sigma_\sigma = \sqrt{m_0} \tag{6.29}$$

$$f_0 = \frac{1}{2\pi}\sqrt{\frac{m_2}{m_0}} \tag{6.30}$$

$$\varepsilon = \sqrt{1 - \frac{m_2^2}{m_0 m_4}}\ (当\,\varepsilon < 0.4，可认为是窄带谱) \tag{6.31}$$

式中，$m_n = \int_0^{+\infty} \omega^n S_\sigma\left(\omega \mid H_s, T_s, \theta\right) \mathrm{d}\omega$（$m_n$ 是谱密度的 n 阶谱矩）。

4. S-N 曲线选取

图 6.14 为管节点在空气环境中和有阴极保护的海水中的 S-N 曲线。

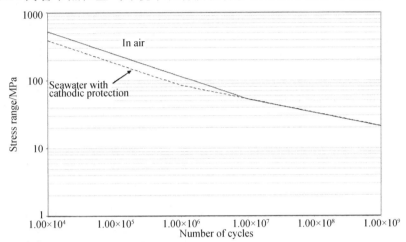

图 6.14 管节点在空气环境中和有阴极保护的海水中的 S-N 曲线

其对应的回归公式如下。

(1)空气中管节点的 S-N 曲线为

$$\lg N = \lg \overline{a} - m_1 \lg \Delta\sigma \quad (N \leqslant 10^7) \tag{6.32}$$

$$\lg N = \lg \overline{a} - m_2 \lg \Delta\sigma \quad (N > 10^7) \tag{6.33}$$

式中，$\lg \overline{a} = 12.164$，$m_1 = 3.0$，$N \leqslant 10^7$；$\lg \overline{a} = 15.606$，$N > 10^7$。

(2)海水中在阴极保护下的管节点的 S-N 曲线为

$$\lg N = \lg \overline{a} - m_1 \lg \Delta\sigma \quad (N \leqslant 10^6) \tag{6.34}$$

$$\lg N = \lg \overline{a} - m_2 \lg \Delta\sigma \quad (N > 10^6) \tag{6.35}$$

式中，$\lg \overline{a} = 11.764$，$m_1 = 3.0$，$N \leqslant 10^6$；$\lg \overline{a} = 15.606$，$m_1 = 5.0$，$N > 10^6$。

5. 疲劳寿命计算

首先计算每个工况中不同浪向下危险点的应力幅值产生的疲劳损伤度，然后把各海况的疲劳损伤度乘以其出现的概率，进行累加计算得出危险点在波浪作用下一年的疲劳损伤值。如图 6.15 所示，为管节点 B 在各短期工况下的损伤值分布情况，从中可以看出短期工况 22 即(4.5，8.5)对节点疲劳损伤度最大，对于管节点 A、C、D 也存在同样的情况。该工况下波浪谱的谱峰周期为 8.5s，在危险点应力响应峰值所在的波浪周期区间 6~12s 范围之内，故使用谱分析法计算的平台桩腿管节点疲劳寿命与平台工作海域的波浪能量分布特性有着很大的关系。

通过计算，得出各个危险点的疲劳损伤以及寿命，如表 6.6 所示。从表 6.6 中可以得出，桩腿最易发生疲劳破坏的危险点为 B 点，说明该部位相对于其他部位来说更容易发生疲劳破坏。经计算此处的疲劳寿命为 41.3 年，满足设计要求。

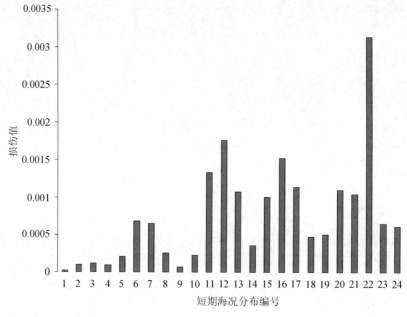

(a)

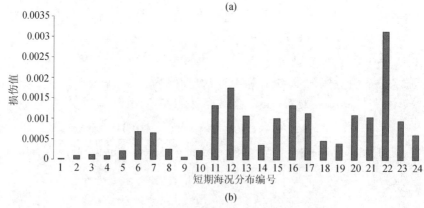

(b)

图 6.15　四个危险点的各短期海况的损伤值

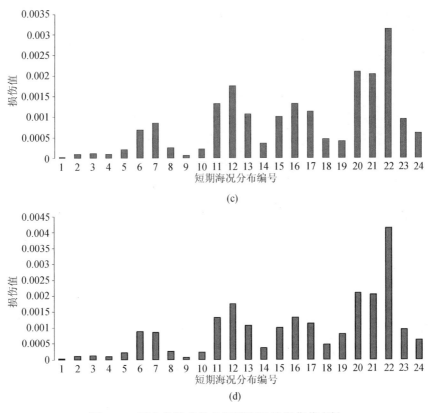

图 6.15　四个危险点的各短期海况的损伤值（续）

表 6.6　危险点的疲劳寿命

危险点	疲劳累积损伤	疲劳寿命/年
A	0.0213	46.9
B	0.0242	41.3
C	0.0196	57.0
D	0.0207	48.3

6.3　实际状态下桩腿疲劳寿命评估

　　自升式海洋平台桩腿是由众多结构件焊接而成的，在对其加工的过程中难免会因为加工工艺等因素影响，产生类似于裂纹的焊接缺陷。此外，自升式桩腿材料多为高强度钢，这种材料本身的疲劳性能相对比较差，容易产生裂纹。所以，桩腿在长期承受波浪载荷的作用下，使得初始缺陷扩展成宏观裂纹，严重影响其使用寿命。

断裂力学疲劳寿命估算方法是考虑材料初始缺陷，并结合相关规范定量计入初始缺陷对寿命的影响，通过对裂纹的尺寸大小与其扩展速度的研究，来计算结构疲劳寿命的方法。本章采用基于裂纹扩展原理的断裂力学方法对自升式平台桩腿关键节点剩余寿命进行分析预测。

6.3.1　基础理论分析

实际上金属本身的断裂强度通常比理论计算的断裂强度小很多，有时计算结果相差一个数量级，脆性材料如陶瓷、玻璃的实际断裂强度甚至更低。实际断裂强度低的原因在于金属材料内部存有一定的缺陷即存在裂纹。例如，对玻璃进行结晶时，由于热应力往往会使其内部产生一定的初始裂纹；对陶瓷粉末进行压制烧结时，也会无法避免地产生裂纹。金属结晶通常是紧密的，其裂纹并不是本身就存在的。金属材料中存在裂纹主要来自以下的两个方面：一方面是在制造过程中产生的，如锻压、焊接等；另一方面是在受力时由于其塑性变形不均匀，当变形受到阻挡时会出现应力集中，当集中应力增加到理论断裂强度同时材料又不能通过塑性变形使其应力降低时，便会产生裂纹。

以往的数据表明，Paris 公式是裂纹线性扩展模型的主要表达式，具有普遍的合理性。

$$\frac{\mathrm{d}a}{\mathrm{d}N} = C\left(\Delta K\right)^m \tag{6.36}$$

式中，$\Delta K = Y(a)\Delta\sigma\sqrt{\pi a}$；$Y(a)$ 为几何影响因子；a 为(半)裂纹长度；$\Delta\sigma$ 为应力范围，这里载荷假设为等幅载荷；C 为 Paris 系数；m 为由裂纹扩展数据决定的指数。经研究发现，大部分的材料的 m 值为 2～4，金属材料一般都是 3～3.3，本书根据规范 BS7910(ABS、BS7608 和 BS7910 推荐值相同)选择在 20° 阴极保护下，钢材在海洋环境中 C 和 m 的值，$C = 2.3\times10^{-12}$，$m=3$。一般结构断裂破坏可分为三个阶段，如图 6.16 所示，当应力强度因子幅 $0 \leqslant \Delta K \leqslant \Delta K_{th}$，其疲劳裂纹曲线变化趋势如Ⅰ区域所示；当应力强度因子幅 $\Delta K_{th} < \Delta K < \Delta K_{IC}$，裂纹的扩展速率呈斜线递增，其变化趋势如Ⅱ区域所示；当 $\Delta K \geqslant \Delta K_{IC}$ 时，裂纹将会失稳扩展，其变化趋势如Ⅲ区域所示。

对式(6.36)积分可以得到疲劳寿命的扩展寿命公式：

$$N = \frac{a_c^{\left(1-\frac{m}{2}\right)} - a_0^{\left(1-\frac{m}{2}\right)}}{\left(1-\dfrac{m}{2}\right)c\left(\Delta\sigma\right)^m Y(a)^m \pi^{\frac{m}{2}}} \quad (m\text{不等于2时}) \tag{6.37}$$

$$N = \frac{1}{cY(a)^2\left(\Delta\sigma\right)^2\pi}\ln\frac{a_c}{a_0} \quad (m = 2) \tag{6.38}$$

式中，a_o、a_c 分别为初始裂纹和临界裂纹的尺寸。

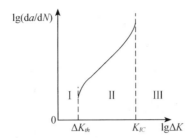

I 为裂纹不扩展区；II 为裂纹扩展亚临界区；III 为裂纹失效扩展区

图 6.16　疲劳裂纹扩展曲线

6.3.2　热点疲劳寿命

1. 等效应力范围

对于波浪的分布，一般假设其服从韦布尔分布，基于此，等效应力幅值的概率密度函数可以通过式(6.39)进行计算：

$$f_s\left(S\right)=\frac{\xi\mathrm{ln}N_L}{S_L^{\xi}}S^{\xi-1}\exp\left(-\frac{S^{\xi}}{S_L^{\xi}}\mathrm{ln}N_L\right),0<S<+\infty \tag{6.39}$$

式中，ξ 为分布参数；S_L 表示每个海况最大应力范围；N_L 表示循环次数。

根据式(6.39)可以计算出等效应力幅值的期望值：

$$E\left(S^m\right)=\int_0^{+\infty}S^m\frac{\xi\mathrm{ln}N_L}{S_L^{\xi}}S^{\xi-1}\exp\left(-\frac{S^{\xi}}{S_L^{\xi}}\mathrm{ln}N_L\right)\mathrm{d}S \tag{6.40}$$

式中，m 为指数。

当载荷谱为连续型的时候，热点的等效应力幅值如下所示：

$$S_e=\frac{S_L}{\left(\mathrm{ln}N_L\right)^{1/\xi}}\varGamma\left(\frac{m}{\xi}+1\right)^{1/m} \tag{6.41}$$

式中，$\varGamma$ 为伽玛函数；S_L 为热点应力幅值；S_e 为热点等效应力幅值；N_L 为循环次数；m 为指数；ξ 为形状参数。根据规范，在对海洋结构物进行疲劳计算时，对于自升式海洋平台的 ξ 形状参数常近似取 1，N_L 取 10^8。根据 6.3.1 节各热点的应力幅值，然后应用式(6.41)便可计算出各个危险点所受的等效应力幅值。

2. 几何影响因子

海洋平台中管节点处热点应力范围 S 一般由两个部分组成，即拉伸应力范围 S_t 和弯曲应力范围 S_b。令 $S_t=\rho S$，$S_b=(1-\rho)S$，则应力强度因子幅为

$$\Delta K = M_k \left[\rho Y_t(a) + (1-\rho) Y_b(a) \right] S\sqrt{\pi a} = Y(a) S\sqrt{\pi b} \tag{6.42}$$

式中，几何影响因子 $Y(a)$ 为

$$M_k = \left[\rho Y_t(a) + (1-\rho) Y_b(a) \right] \tag{6.43}$$

式中，$Y_t(a)$ 为拉伸应力下的几何影响因子；$Y_b(a)$ 为弯曲应力下的几何影响因子；M_k 为放大系数。$Y_t(a)$ 和 $Y_b(a)$ 可根据规范 BS7910 给出的计算公式进行计算。

由规范 BS7910 可知，在初始裂纹信息资料不足的情况下，可以根据节点的几何类型选取相应的几何影响因子。根据裂纹形状、结构尺寸、裂纹处应力状态等因素并结合疲劳分析节点类型，选取几何影响因子 $Y(a) = 1.3$。

3. 初始尺寸

由《ABS 规范》可知，断裂力学模型所依赖的初始尺寸 a_0 可以通过无损检测方法进行检测得到。在设计阶段，需要确定初始裂纹尺寸。对于在焊趾表面的裂纹，考虑不同的焊接制造工艺、焊接的几何特性以及探测缺陷的准确度，一般取 $a_0 = 0.5$ mm。

4. 临界疲劳裂纹长度

海洋平台的管节点焊接产生的疲劳裂纹主要为半椭圆表面裂纹，由式 (6.44) 可确定临界裂纹的长度：

$$K = 1.4 \frac{\sigma_i \sqrt{\pi a}}{E(k)} \sqrt{\frac{b}{a}} \left(\sin^2\theta + \frac{b^2}{a^2}\cos^2\theta \right)^{1/4} \approx 0.89\sigma_i\sqrt{\pi a} \tag{6.44}$$

式中，$E(k)$ 为二类完椭圆积分，查椭圆积分表得 $E(k) = \pi/2$。进一步，由式 (6.44) 可得应力强度因子幅计算式 (6.45) 和临界疲劳裂纹长度计算式 (6.46)：

$$\Delta K = 0.89\Delta\sigma_i\sqrt{\pi a} \tag{6.45}$$

$$a_c = K_{IC}^2 / \left[(0.89\Delta\sigma_i)^2 \pi \right] \tag{6.46}$$

5. 临界值

通过式 (6.47) 可以确定临界裂纹的长度。

$$K_{IC} = \sqrt{\frac{E J_{IC}}{1-\mu^2}} \tag{6.47}$$

式中，E 为弹性模量，$E = 2.07 \times 10^5$ MPa；J_{IC} 为临界 J 积分，根据相关文献指出 $J_{IC} = 91$N/mm；μ 为材料泊松比；K_{IC} 为临界应力强度因子。

Paris 公式忽略了平均应力的影响，而 Forman 公式考虑到了平均应力的影响：

$$\frac{\mathrm{d}a}{\mathrm{d}N} = \frac{C\Delta K^m}{(1-R)K_{IC} - \Delta K} \tag{6.48}$$

$$N = \frac{(1-R)K_{IC}}{CY(a)^m (\Delta\sigma)^m \pi^{m/2}} \int_{a_0}^{a_c} a^{-m/2} \mathrm{d}a - \frac{1}{CY(a)^{m-1} (\Delta\sigma)^{m-1} \pi^{(m-1)/2}} \int_{a_0}^{a_c} a^{(1-m)/2} \mathrm{d}a \tag{6.49}$$

6. 门槛值

推荐用规范 BS7910 焊接疲劳裂纹扩展的门槛值 ΔK_{th}，如表 6.7 所示。

表 6.7　材料的门槛值

材料	海洋环境	ΔK_{th}
钢材	在 20℃海水中有阴极保护	$63\mathrm{N/mm}^{3/2}\left(2\mathrm{MPa}\sqrt{\mathrm{m}}\right)$
	在海水中无阴极保护	$0\mathrm{N/mm}^{3/2}\left(0\mathrm{MPa}\sqrt{\mathrm{m}}\right)$

注：$1\mathrm{N\cdot mm}^{3/2} = 0.0316\mathrm{MPa\cdot m}^{1/2}$。

7. 应力强度因子

在研究疲劳裂纹扩展的过程中，往往需要重点考虑裂纹尖端附近的区域。通过观察其附近的应力场和位移场分布情况可以判断裂纹下一步扩展的位置与动态，因此，对裂纹尖端区域进行分析就显得尤为重要。目前，对于裂纹尖端应力强度因子的计算方法主要有解析法、数值法和实验方法。其中，解析法往往针对于简单问题，对于稍复杂的问题计算起来会相当烦琐；实验法得出的结果较为真实，但花费的成本太大。所以，综合考虑，目前在工程应用中，往往采用的是数值分析法即有限元法。随着计算机技术的快速发展，许多功能齐全的有限元软件也日益完善，其中 Abaqus 就是当前运用特别广泛的有限元软件之一。

通过查阅 Abaqus 中相关的帮助文件，可知利用此软件对裂纹尖端区域进行有限元分析时，由于其尖端区域具有奇异性，所以周围的应力分布和 r 值呈正比关系，当 r 接近于 0 时，就会出现应力迅速变大的现象。在以往的有限元分析法中，一般采用多项式来代表各个单元内部的应力与位移，使得在奇异点区域不能够较为精确地反映出应力的变化。为了解决这个问题，特别在裂纹顶端附近区域设置具有奇异性的单元。用来体现应力场在裂纹区域的奇异性。这里提及的奇异单元主要是由以往的二次单元进行修改而成的，在附近顶端的边上，把节点放置于距裂尖的 1/4 处，奇异单元法能够比较精确地计算出材料的应力强度因子。有限元分析法中计算应力强度因子通常有位移相关技术、应力相关技术等方法，目前使用比较多的就是位移相关技术。Abaqus 采用的是位移插值技术，该技术与位移相关技术相类似，都是采用裂纹尖端单元节点的位移来对应力强度因子进行求解。采用自适应方法求解时，把裂纹周向单元设置得越多，单元边长划分得越小，其最后计算的结果越为精确。

这里的研究对象是厚度为 6mm，长度为 100mm，宽度为 80mm，裂纹深度为 10mm 的薄壁钢板模型(模拟自升式平台桩腿的材料)，利用 Abaqus 有限元软件通过对其裂纹的模拟，来探究其裂纹尖端区域的应力场、位移变化以及场强的分布规律。其中桩腿的材料为 ASTMA514CrQ，弹性模量 $E = 2.07 \times 10^5 \text{MPa}$，泊松比 μ=0.3。

首先需要根据相关尺寸要求建立薄壁钢板的实体模型，同时在实体模型中加入细微的裂纹，并设置相关几何参数。接下来对实体模型进行网格划分，一开始需要设置裂纹尖端中心处的网格，然后对裂纹尖端处的网格进行加密。最后对钢板的其他位置进行网格划分，网格的尺寸设置为 1，执行网格划分命令，最后裂纹的网格如图 6.17 所示；通过图 6.17 可以看出，裂纹尖端处的网格较密，且网格尺寸自内而外不断扩大。

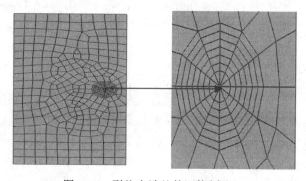

图 6.17　裂纹尖端处的网格划分

利用 Abaqus/Standard 模块对裂纹处进行静力分析。在板的底部和顶部同时施加均布拉力 20MPa。通过 J 积分便可计算出应力强度因子，但是 J 积分是线积分，这在有限元分析中计算起来相对比较困难，因此，可以通过利用环形区域积分代替 J 积分来进行计算以简化计算过程，而 Abaqus 里面的 J 积分计算正是采用此种计算方法，积分围数 1 代表计算 J 积分时采用裂尖处奇异单元外的第一圈环形区域进行计算，不同的积分围数所计算出来的应力强度因子差别一般不太，若相差太多，则很有可能计算时出现了问题。如图 6.18 所示为不同积分围数下计算得出的应力强度因子值，从图上可以发现此五组值近似相等，说明该计算方法相对准确，图 6.19 为裂纹尖端附近的应力图，由应力图可以看出，应力最大值出现在裂纹最尖端的位置，裂纹尖端附近区域的应力场形状近似为两个半椭圆形；且从裂纹尖端向外呈逐渐变小的趋势，此外在裂纹开裂的区域内，由于没有接触，使得所受到的应力值很小。由于裂纹尖端的应力较大，所以触发了裂纹的进一步扩展。

```
                   K  F A C T O R       E S T I M A T E S
CRACK          CRACKFRONT         C O N T O U R S
NAME           NODE SET
                                  1              2              3              4              5

CRACK-1_H-OUTPUT-2_CRACK-1
          -3-            K1:       118.9          118.7          118.5          118.3          118.2
                         K2:       -0.2267        -0.2474        -0.2661        -0.2834        -0.3004
      MTS  DIRECTION (DEG):        0.2185         0.2388         0.2573         0.2744         0.2913
                   J from Ks:      6.7294E-02     6.7078E-02     6.6861E-02     6.6667E-02     6.6496E-02
```

图 6.18　应力强度因子值

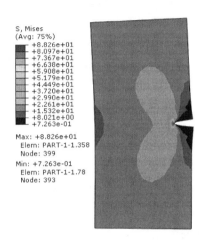

图 6.19　裂纹尖端的应力图

如图 6.20 所示，为裂纹受力后其周围的位移变化情况。由图可知，当裂纹受力时，裂纹的开裂区域的变形量比较大，而在裂纹的尖端位置处，位移变化量最小。

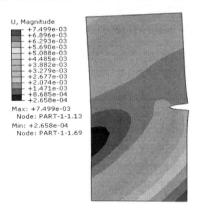

图 6.20　裂纹尖端的位移云图

由公式 $K = Y(a)\sigma\sqrt{\pi a}$ ，可以得出解析解 $K=112.85$，$Y(a)$ 为几何影响因子；a

为(半)裂纹长度；σ 为应力范围，这里载荷假设为等幅载荷；（上文中 $Y(a)$ =1.3；a =6；σ =20MPa）；Abaqus 计算出的理论解和解析解的误差仅为 4.5%。

8. 疲劳裂纹扩展寿命

1) 计算结果分析与讨论

应用上述计算结果，结合断裂力学疲劳计算流程计算了桩腿飞溅区的四个危险部位的热点疲劳寿命，其疲劳裂纹扩展寿命的结果值如表 6.8 所示。从表中可知，位于右舷桩腿飞溅区的 B 号管节点所受的损伤值最大即其疲劳寿命最小，为33.2年，根据 ABS 规范基本可以满足设计要求。此寿命趋势与 6.2 节计算结果一致，即最易发生破坏的位置均出现在 B 节点位置处，这也进一步表明该位置处容易发生疲劳损坏。

表 6.8　基于裂纹扩展方法的各危险点的疲劳寿命

危险点	疲劳寿命/年
A	37.8
B	33.2
C	42.1
D	39.3

在对桩腿进行断裂力学计算时，对初始裂纹的确定直接影响后面的计算结果，本节根据 ABS 规范进行初始值的确定，这与实际情况必然存在一定的误差，基于此，很有必要探究桩腿的疲劳寿命与初始裂纹尺寸之间的变化趋势，同时，也能够为疲劳裂纹逆向分析提供一定的依据。如图 6.21 和表 6.9 所示，为 B 管节点的裂纹扩展寿命与初始裂纹尺寸之间的关系。从图中可以看出，初始裂纹的尺寸对最终桩腿使用寿命的影响非常明显。在保证其他因素不发生变化的情况下，平台如果在短年限内发生断裂破坏，很有可能是因为内部存在较大的裂纹缺陷，桩腿是由结构件通过焊接而成的，且焊接过程中很容易形成裂纹。因而桩腿在出厂前，必须要进行无损探伤，以保证其使用的安全性，避免不必要的经济损失。另外，根据计算结果，要保证桩腿的使用寿命在 30 年以上，必须使初始裂纹的尺寸控制在 0.5mm 以内。

表 6.9　服役时间与裂纹长度的变化关系

裂纹长度/mm	服役时间/年
0	0
1	5.1
2	8.9

续表

裂纹长度/mm	服役时间/年
5	12.4
10	15.1
40	19.9
41	20

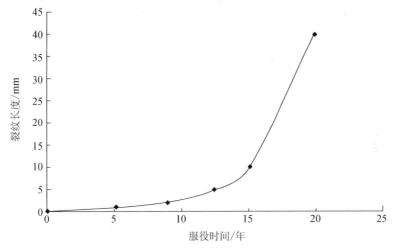

图 6.21   服役时间与裂纹长度的变化关系

2) 不同寿命计算方法比较

基于 S-N 曲线方法计算所得的自升式海洋平台桩腿的疲劳寿命与基于断裂力学计算所得的自升式海洋平台桩腿的疲劳寿命计算进行对比，如图 6.22 所示。基于 S-N 曲线方法计算所得的疲劳寿命要明显高于基于断裂力学方法计算所得的疲劳寿命，B 管节点的疲劳寿命最小，平台服役期应特别关注此区域的疲劳强度变化，必要时要对这些危险区域的焊缝进行定期检测，从而来保证自升式海洋平台结构的安全可靠性。

S-N 曲线的疲劳分析方法是在不考虑桩腿初始裂纹的基础上进行计算的，但实际上桩腿是焊接件，而焊接件难免会有缺陷或者微小裂纹，这便使得该方法计算的结果要偏大。相比较之下，基于断裂力学的计算结果就相对保守。此外，由于裂纹扩展的计算方法所设计的参数众多，其中的规范和研究文献对于取值的方法也各不相同，很难做到很好的统一。因此针对基于断裂力学对自升式海洋平台桩腿进行寿命评估，如何选择合理的参数和计算方法就显得非常重要，直接关系到最后计算结果的准确程度。另外，考虑到平台桩腿长期服役在海洋环境中，其受到复杂的海洋环境载荷(风、浪、流)的作用，使得选择符合中深海洋环境的疲劳裂纹扩展模型非常关键。

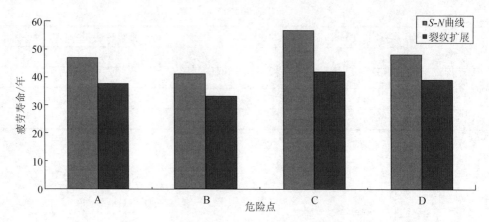

图 6.22　基于两种疲劳计算方法的危险点疲劳寿命的对比

第7章 意外工况下平台的碰撞特性

本章意外碰撞工况统一以船艏为主动碰撞面，分别以自升式平台桩腿弦杆和水平撑杆为被动碰撞面，使用 LS-DYNA 仿真软件研究相应的对心碰撞问题与非对心碰撞问题，包括结构损伤、碰撞力、能量和平台运动等内容，并以对心碰撞为典型工况研究碰撞参数影响规律。

7.1 对心工况碰撞响应

7.1.1 对心碰撞数值模型构建

1. 自升式平台模型

平台主体在碰撞中的作用主要是传递力的作用，所以可不必建出平台主体的结构模型，只要将与平台主体接触的桩腿位置进行刚性连接，并在主平台主体中心位置处添加一质量单元来替代平台主平台主体的总体质量即可。实际工况中，桩腿与海底有一个约束关系，此约束关系介于铰支约束与固定约束之间，本章将此约束简化为铰支约束。与导管架平台相比，自升式平台具有更大的结构柔性，这使得塑性变形只发生在碰撞区域，碰撞区域以外的结构基本上是不发生塑性变形的。基于此，为了提高计算机运算效率，对碰撞模型做相应的简化：碰撞影响区采用 SHELL 163 单元(两个半圆管)和 SOLID 164 单元(齿条)，非碰撞影响区的结构采用 BEAM 161 单元简化，见图 7.1 和图 7.2。

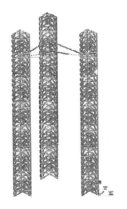 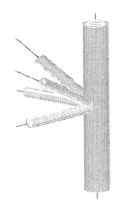

图 7.1 自升式平台整体简化模型　　　　图 7.2 碰撞区域简化模型

其中，非圆截面弦杆利用惯性矩等效和截面积等效的方法等效为圆截面，见图 7.3 和图 7.4。计算结果如下：弦杆 1 的非碰撞影响区的等效圆管尺寸为：$D=366\text{mm}$，$d=109\text{mm}$；弦杆 2 和弦杆 3 的非碰撞影响区的等效圆管尺寸为：$D=477\text{mm}$，$d=324\text{mm}$。

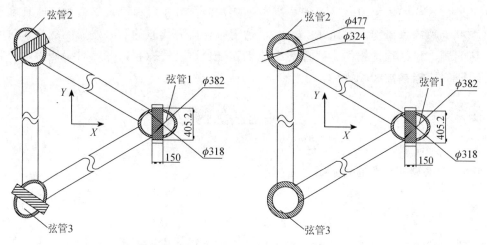

图 7.3　简化前桩腿的截面图　　　　　图 7.4　简化后桩腿的截面图

研究表明：金属的屈服应力在碰撞过程中是变化的，随着应变率的增长而增长。本章选择 Cowper-Symonds 本构模型进行建模，该材料模型是各向同性、随动硬化或各向同性和随动硬化的混合模型，与应变率相关，且可考虑失效。通过在 0（仅随动硬化）和 1（仅各向同性硬化）间调整硬化参数来选择各向同性或随动硬化。该材料模型可用式（7.1）表示：

$$\sigma_y = \left[1 + \left(\frac{\dot{\varepsilon}}{C}\right)^{\frac{1}{P}}\right]\left(\sigma_0 + \beta E_P \varepsilon_P^{\text{eff}}\right) \tag{7.1}$$

式中，σ_0 为初始屈服应力（齿条为 805MPa，其余为 690MPa）；$\dot{\varepsilon}$ 为应变率；C 和 P 为 Cowper-Symonds 应变率参数（取 $C=40.4$，$P=5$）；$\varepsilon_P^{\text{eff}}$ 为有效塑性应变；E_P 为塑性硬化模量，取 1350MPa；硬化参数 β 为 0。常见材料参数还包括弹性模量 E 为 210GPa；材料密度 ρ 为 7800kg/m³，泊松比 υ 为 0.3。考虑材料的最大塑性失效应变 ε_f 为 0.16，当有限元运算过程中的某些单元应变达到该值时，这些单元发生失效，应力值变为零，代表构件损坏，无法继续承受外来载荷。

2. 船舶模型

根据历史碰撞事故特点，选取碰撞船类型是补给船，排水量是 5000 吨。考虑到补给船的刚度要比自升式平台大得多，且本章研究对象是自升式平台，所以建模时可以且允许把碰撞船建模为刚体，见图 7.5。碰撞过程中周围流体的作用以附加质量法进行考虑，其中附加质量系数取为 0.1。

图 7.5　碰撞船的简化模型

3. 碰撞接触关系

本章选择罚函数法进行有限元建模计算，其基本原理是：在每一个时间步首先检查各从节点是否穿透主面，如没有穿透不作任何处理。如果穿透，则在该从节点与被穿透主面间引入一个较大的界面接触力，其大小与穿透深度、主面的刚度成正比。这在物理上相当于在两者之间旋转一法向弹簧，以限制从节点对主面的穿透。

在研究船舶与自升式钻井平台的接触碰撞过程中，摩擦作用不可忽略。本章课题研究过程中，将碰撞中接触面之间的摩擦作用看成非常常见的库仑摩擦进行处理。船舶与自升式钻井平台的碰撞接触摩擦属于钢结构之间的摩擦，这种摩擦是干摩擦的范畴，它的摩擦系数相对比较稳定。在计算主从面接触过程中，摩擦力的值通过摩擦因数乘以法向碰撞力来计算。摩擦力的方向与两物体相对运动方向相反。根据相互碰撞的两个物体的材料特性，研究过程中把静摩擦因数定为 0.2，动摩擦因数定为 0.1。

7.1.2　碰撞前初始应力分析

在进行碰撞分析之前，需要获取自升式平台在碰撞前的初始应力数据作为下一步碰撞分析的基础。考虑到补给船对平台进行补给作业时，海洋环境较为温和，这里仅计入桩腿及平台的自重影响，对模型进行静态分析。

从图 7.6 的初始应力图上可以得到，初始应力的最大值为 33.2MPa，约为桩腿的屈服极限 690MPa 的 1/20，然后将该结果导入碰撞模型中作为碰撞的初始条件进行计算。

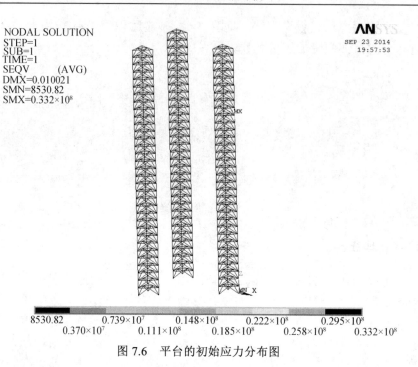

图 7.6　平台的初始应力分布图

7.1.3　对心碰撞响应分析

1. 结构损伤变形分析

图 7.7 为平台碰撞后的整体变形图。可以发现，平台在受船舶碰撞后发生了明显的摇摆运动，碰撞船舶的一部分动能转化成了平台的动能，而且变形最大的位置发生在碰撞区，这是由于这个区域除了随着整体的变形，还发生了局部变形。另外，受碰撞船舶碰撞的那个桩腿的变形也较其他两个桩腿的变形更明显，这是因为直接受到碰撞的桩腿储存了更多的能量。

图 7.8 中结果是被撞平台桩腿的应力与变形时程图(持续时间为 3s)。首先，在 $t = 0.21s$ 时，桩腿节点处受到船舶的撞击，弦杆的碰撞接触区域已经发生了塑性变形，最大应力也发生在该区域，应力值为 1400MPa，同时撑杆与弦杆的连接处也出现了较大的应力，另外由于上端距平台较近，下端距地基较远，所以碰撞区域下端的变形位移较上端的明显；在 $t = 0.6s$ 时，碰撞船舶与弦杆已经分离，碰撞区域在完成弹性变形回复之后，齿条部分则残留了一定程度的塑性变形，弦杆处也同时残留了较明显的塑性变形，整体形成了一个明显的凹陷区域；在 $t = 2.7s$ 时，由于自升式平台的自身结构柔性大，所以碰撞船舶与随平台摆动返回的弦杆发生了二次碰撞；在 $t = 3s$ 时，碰撞已经结束，但平台整体仍然在作摇摆运动，碰撞区域留下了永久性塑性损伤。

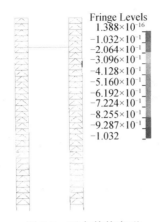

图 7.7　平台整体变形

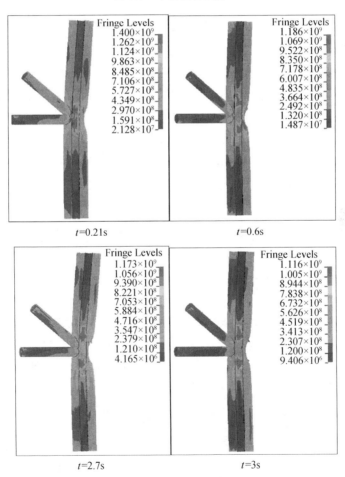

图 7.8　被撞平台桩腿的应力时程图

2. 碰撞过程中的碰撞力分析

碰撞力是研究碰撞过程不可忽视的响应结果,其直观反映了碰撞的剧烈程度。图 7.9 为碰撞力随时间的曲线图。碰撞初期,平台受惯性作用,整体的运动很小,所以当时间不断增长时,碰撞力会呈增长趋势,在碰撞时间持续到 0.2s 时,达到最大碰撞力 27.6MN。该曲线中出现的锯齿状,是由于碰撞区部分材料达到了失效条件。在 0.3~0.6s,碰撞力呈下降趋势,直到碰撞船与桩腿实现了分离,这是由于平台惯性作用减弱,产生整体随动位移,同时碰撞船舶的能量也在不断减少。在 $t=2.3s$ 时,又出现了碰撞力曲线,原因是发生了二次碰撞,也是自升式钻井平台自身特点造成的。

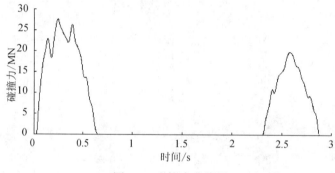

图 7.9　碰撞力曲线图

3. 碰撞过程中的能量转换

碰撞船舶的初始动能转移与转换成以下 4 种能量载体和能量形式,包括桩腿上碰撞区域的塑性变形能、平台整体的弹性变形能、平台的动能以及碰撞船碰后动能。如图 7.10 所示,给出了碰撞船舶动能、平台总体动能、塑性变形能和弹性变形能的变化曲线。碰撞船的初始动能为 11MJ,在碰撞后的 0.6s 内,碰撞船的动能逐渐减少到 0,这恰巧是碰撞的一种特殊情况,碰撞船与平台碰撞之后,碰撞船的速度变为 0,这也是碰撞中最危险的一种情况,所有的能量都被平台吸收。在碰撞发生的初期阶段 0~0.3s 内,系统能量主要转化成碰撞区域的塑性变形能和平台整体的弹性变形能,由于平台惯性较大,平台整体的运动具有滞后的特点,所以碰撞初期的平台动能增长缓慢。在碰撞后期 0.3~0.6s 内,碰撞船的动能继续减少直到 0,而碰撞区域的塑性变形能变化缓慢,这是由于随着碰撞船能量的减少,碰撞力在减少,碰撞所能造成的破坏也在减轻;由于平台运动的滞后,碰撞所产生的一部分能量以弹性变形能的形式储存在桩腿中,在这一阶段又慢慢地转化为平台的动能。0.6s 后,虽然碰撞船与平台还未分离,但是碰撞力开始小于平台整体由于发生弯曲变形而产生的回复力，所以平台的加速度方向变为反向，开始减速，从而平台的动能逐渐转化为平台整体的弹性变形能储存于桩腿中，直到 1.5s 后，平台达到最大位移，整体的弹性变形能也达到最大值，此后，储存于桩腿中的弹性变形能开始释放，转化成平台的动能，直到 2.4s 时，返回的钻井平台与船舶发生了二次碰撞，这是自升式钻井平台独有的特性。二次碰撞也伴随着能量的转化，平台动能大部分转化成船舶的动能，塑性变形能变化不大，说明二次碰撞没有再次造成弦杆太大的损伤变形。

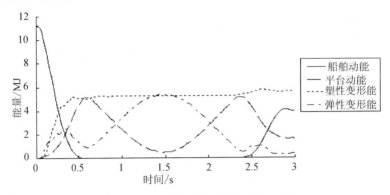

图 7.10　碰撞过程中能量变化曲线图

　　图 7.11 中给出了三根桩腿所吸收的能量变化图，其中与船舶碰撞的是桩腿 1，桩腿 2 和桩腿 3 为逆时针方向命名。$t = 0.4s$ 前，桩腿 1 的弹性变形能变化速度很快，而桩腿 2 和桩腿 3 的弹性变形能基本无变化，这是由于自升式钻井平台运动的滞后性造成的；0.4s 后，桩腿 1 中储存的变形能开始减少，通过平台主体传递给了桩腿 2 和桩腿 3 以及一部分转化成平台主船的动能；$t = 0.6s$ 后，平台的动能与桩腿的弹性变形能相互转化，直到 $t = 2.4s$ 时发生了二次碰撞，桩腿 1 的变形能再次增加，$t = 2.7s$ 时，桩腿 1 的变形能再次达到一个峰值，随后慢慢地传递给了二次碰撞的碰撞船。

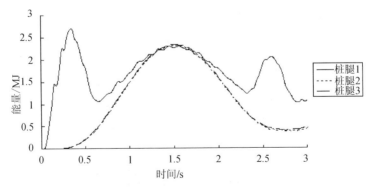

图 7.11　三根桩腿能量变化曲线图

图 7.12 所示为桩腿 1 的弦杆与撑杆能量变化曲线图，同样由于平台运动的滞后性，碰撞初期的碰撞能量以弹性变形能的形式储存于桩腿 1 的弦杆和撑杆中，由于弦杆的强度较大，而撑杆的强度相对较小，所以撑杆将发生更大的变形，吸收的能量也较多；$t = 1.5\text{s}$ 时，弦杆吸收的能量的峰值又比撑杆的大，这是因为桩腿发生了较大的整体位移；$t = 2.4\text{s}$ 时，发生二次碰撞，弦杆与撑杆又作了相应的能量转化。

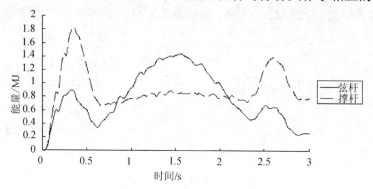

图 7.12　桩腿 1 的能量分布曲线图

4. 碰撞过程中的平台运动分析

自升式钻井平台具有柔性大的特性，且受船舶碰撞后的平台主体船的运动具有一定的滞后性。图 7.13 给出了平台主体的位移曲线图，可知平台的最大位移发生在 1.5s 时，位移为 0.82m，此位移与平台主体的作业高度 103m 的比值 0.82/103<1/100，所以此次碰撞不会导致平台整体的倾覆或倒塌。图 7.14 和图 7.15 分别给出了平台主体的速度与加速度曲线图，可知碰撞过程中平台主体船的最大速度和加速度分别为-1m/s 和-3m/s²，由于持续时间很短，所以这种状态下不会使平台上作业的人员感到不适，也不会使平台上的设备受到破坏。

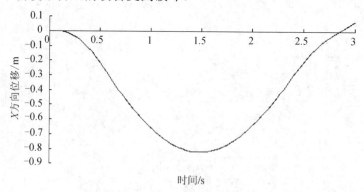

图 7.13　平台的位移曲线图

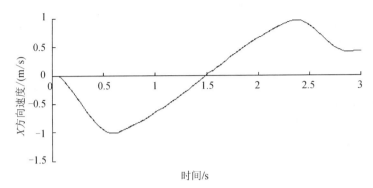

图 7.14　平台的速度曲线图

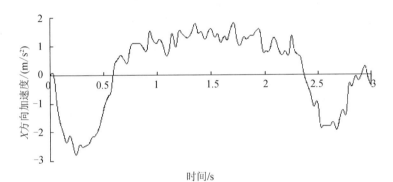

图 7.15　平台的加速度曲线图

7.1.4　碰撞参数影响规律分析

1. 船舶初速度影响规律分析

这里令碰撞船的初速度分别为 0.5m/s、1m/s、2m/s 和 3m/s，进行仿真分析。

1)不同初速度下的碰撞力分析

对碰撞船四种不同初速度对应的仿真结果进行分析，绘制出不同初速度的碰撞船与自升式平台之间产生的碰撞力随时间变化的曲线，如图 7.16 所示。从结果中可以得到以下结论：

(1)在不同初速度碰撞情况下，初期的碰撞力的变化趋势大致相同，在初期阶段，碰撞力快速变大，随着碰撞的继续进行，碰撞力出现了一些卸载的情况，说明碰撞接触区域部分单元失效，不再承载力的作用。

(2)碰撞船的初速度越大时，碰撞力在初期的增长速度就越快，说明碰撞程度越剧烈，但不同初速度下的碰撞接触的时间大致相同，均在 0.6s 左右完成了碰撞。

(3)初速度为 2m/s 和 3m/s 的情况中，在完成第一次碰撞后，后面碰撞力再次出现，说明与自升式钻井平台发生了二次碰撞，而速度相对较小的 0.5m/s 和 1m/s 的两种情况均未发生二次碰撞，说明船舶初速度较大时，倾向于发生二次碰撞。

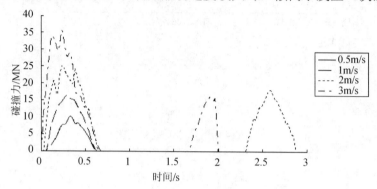

图 7.16　不同初速度下的碰撞力曲线图

图 7.17 给出的是不同初速度下的最大碰撞力的曲线。当初速度越大时，产生的最大碰撞力越大，所造成局部损伤也会越严重，从图中可以直观看出，最大碰撞力与初速度呈正线性相关。

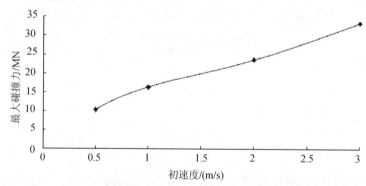

图 7.17　不同初速度下的最大碰撞力

2)不同初速度下的能量分析

图 7.18～图 7.21 中给出了不同速度下碰撞过程中的能量转换曲线图。从结果中可以得到以下结论。

(1)不同初速度下的碰撞过程中的能量变化趋势基本相同，初速度为 0.5m/s 和 1m/s 的结果中船舶的动能先减小到 0，然后又稍有增加，然后趋于平稳，说明碰撞船碰撞后速度减小到 0，然后速度变为反向；速度为 2m/s 的结果中船舶动能直接减小逼近 0，说明碰撞结束后碰撞船处于静止状态；初速度为 3m/s 的结果中船舶的先减小，然后平稳，再减小到 0，说明碰撞后的碰撞船仍然有一定的速度向前运动，然后与摇摆返回的平台发生二次碰撞。

(2) 初始速度较小的情况下，塑性变形能占系统总能量比例也较小，速度为 0.5m/s 和 1m/s 的结果中，塑性变形能依次是 0.06MJ 和 0.7MJ，占碰撞总能量的 8.3% 和 25.2%；初始速度较大时，塑性变形能所占比例也较大，在分析初速度为 2m/s 和 3m/s 的结果，塑性变形能分别是 5.25MJ 和 7.46MJ，占碰撞总能量的 47.4% 和 30.0%。

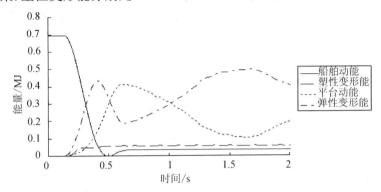

图 7.18　初速度为 0.5m/s 的能量变化曲线图

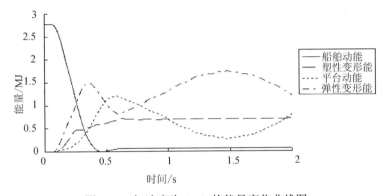

图 7.19　初速度为 1m/s 的能量变化曲线图

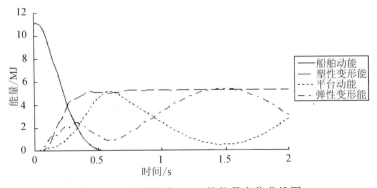

图 7.20　初速度为 2m/s 的能量变化曲线图

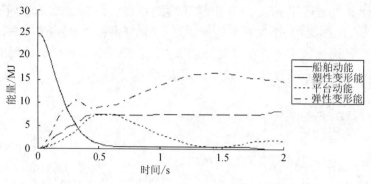

图 7.21　初速度为 3m/s 的能量变化曲线图

3) 不同初速度下的运动分析

平台碰撞过程中运动方面的分析也是这类问题的重点，图 7.22～图 7.24 绘制出了不同初速度下的平台位移、速度和加速度的曲线图，从中可以得出以下结论。

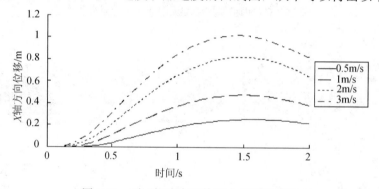

图 7.22　不同初速度下的平台位移曲线图

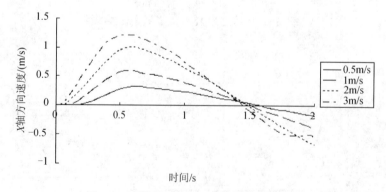

图 7.23　不同初速度下的平台速度曲线图

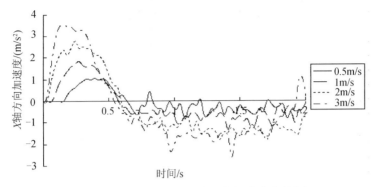

图 7.24　不同初速度下的平台加速度曲线图

（1）不同初速度碰撞后平台位移随初速度的增大而增大。每一种速度下的位移曲线都类似正弦曲线的一部分，且平台均在 1.5s 时达到了最大位移位置。

（2）在以 2m/s 的初速度碰撞平台时，平台能获得的最大速度 1m/s，最大的加速度 2.8m/s²，当以 3m/s 的初速度碰撞平台时，平台能获得的最大速度 1.25m/s，最大的加速度 3.6m/s²，加速度越大，剧烈程度就会越大。

2. 船舶质量影响规律分析

令碰撞船舶质量分别为 1300t、3000t，4500t 和 8000t，进行仿真分析。

1）不同碰撞船舶质量下的碰撞力分析

图 7.25 为不同质量碰撞船的碰撞力曲线图。从 4 条曲线中可以得到以下结论：

（1）从总体趋势上看，碰撞船舶的质量越大，产生的碰撞力也越大，说明碰撞所造成的变形也越大，包括弹性变形与塑性变形。

（2）从曲线图中可以明显地发现，碰撞船舶的质量越大，碰撞所持续的时间也越长，说明碰撞船舶的质量大小可以影响碰撞持续的时间长短。

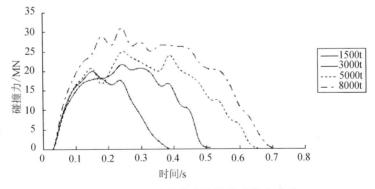

图 7.25　不同质量的碰撞船的碰撞力曲线

图 7.26 所示为不同质量碰撞船的最大碰撞力，可以发现：四个点的连线近似为一条直线，与不同碰撞初速度类似，碰撞过程中最大碰撞力与碰撞船质量呈正线性相关。

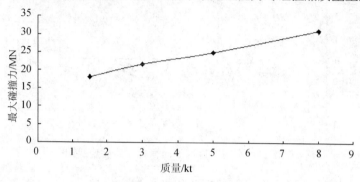

图 7.26   不同质量的碰撞船的最大碰撞力

2)不同碰撞船舶质量下的能量分析

图 7.27～图 7.30 为不同质量碰撞船碰撞平台时碰撞能量的变化曲线图。从以上几幅曲线图中可以得到如下规律。

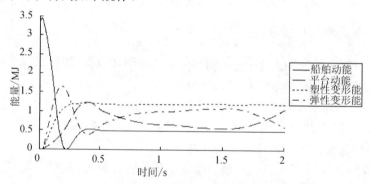

图 7.27   碰撞船为 1500t 时的能量变化曲线

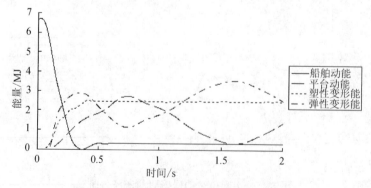

图 7.28   碰撞船为 3000t 时的能量变化曲线

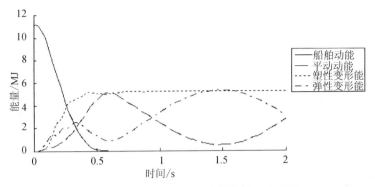

图 7.29　碰撞船为 5000t 时的能量变化曲线

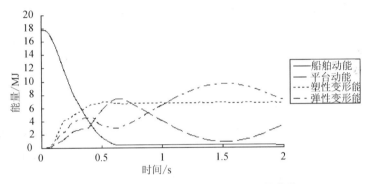

图 7.30　碰撞船为 8000t 时的能量变化曲线

(1) 比较四幅曲线图的船舶动能曲线发现，碰撞船舶质量为 1500t 和 3000t 时，曲线先减小到 0，然后又上升到一定数值后不再变化，说明碰撞船碰撞后发生了反弹，碰撞后的船舶获得了与初速度相反的速度，因而碰撞船在碰撞后仍然有一定的动能；碰撞船质量为 5000t 时，船舶能量曲线直接减小到接近 0 而保持不变，这是碰撞中的一种特殊情况，碰撞船在碰向自升式平台的桩腿后，速度变为 0，所有的能量都传递给了平台，这也是较危险的一种情况；而碰撞船质量为 8000t 时，船舶能量曲线先逐渐减小，然后保持不变，继而又减小，这种变化是由于发生碰撞后，碰撞船与平台分离时，碰撞船仍然有一个与初速度方向相同的速度，当平台返回时，与其发生了二次碰撞，这也是自升式平台碰撞时特有的情况。

(2) 在碰撞初期阶段，碰撞船的动能最先转换成弹性能，然后转换成塑性变形能，但塑性变形能的增长速度要比弹性变形能快，这是由于碰撞刚发生时，碰撞区域先发生弹性变形，然后部分材料失效，塑性变形能增加，由于自升式平台具有滞后性，碰撞初期来不及发生整体变形，所以塑性变形占据了变形的很大部分，随着碰撞的继续，平台整体开始变形，船舶的动能转化为自升式钻井平台的动能与弹性能，并且这两种能量在不断发生相互转化。

（3）四幅曲线图中，塑性变形能分别占总能量的35.9%、37.2%、47.4%和38.2%，可以发现，在不同质量的碰撞船碰撞后的塑性变形能的占比变化不是太明显，均在40%左右。

3）不同碰撞船舶质量下的运动分析

根据下面三幅运动曲线图，可以总结出如下规律。

（1）图7.31所示为不同质量碰撞船情况下的平台X方向的位移曲线图，可以发现，平台的中心位移均在碰撞后的1.5s时达到了最大位移，而碰撞船质量越大，自升式平台主平台主体的最大位移也就越大；当碰撞船质量为8000t，以2m/s的速度撞击平台时，自升式钻井平台主平台主体所达到的最大位移为-1.10m，第6章分析的碰撞船质量为5000t，以3m/s的速度撞击平台时，自升式钻井平台主平台主体所达到的最大位移为1.02m，而两种情况中的碰撞船的初始能量是前者小于后者，但碰撞后的平台最大位移却是前者大于后者，说明碰撞船质量对平台整体位移的影响大于初速度对平台整体位移的影响。

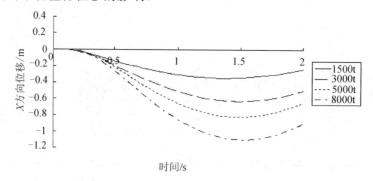

图 7.31　不同质量的碰撞船的平台 X 方向位移

（2）图7.32所示为不同质量的碰撞船情况下的平台X方向的速度，可以发现，从整体趋势上观察，碰撞船质量越大，平台的速度也越大。

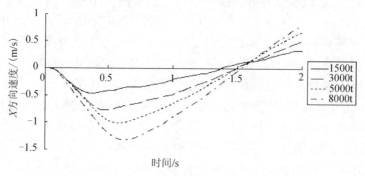

图 7.32　不同质量的碰撞船情况下的平台 X 方向的速度

(3) 图 7.33 所示为不同质量的碰撞船情况下的平台 X 方向的加速度, 可以发现, 四种情况下的最大加速度分别为-2.18m/s², -2.37 m/s², -2.78 m/s², -3.26 m/s²。由于加速度持续时间短, 而且数值也不是太大, 所以不会使平台上的人员或物品受到伤害。另外, 碰撞船质量越大, 平台的加速度也越大。

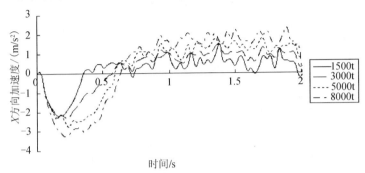

图 7.33　不同质量的碰撞船情况下的平台 X 方向的加速度

7.2　非对心工况碰撞响应

需要指出的是, 非对心工况和对心工况数值模型构建过程与初始应力分析类似, 同时经作者试算后发现该工况下碰撞影响规律也与对心工况类似, 因此本节仅给出非对心工况碰撞响应分析, 以及两者之间的对比。

7.2.1　非对心碰撞响应分析

1. 结构损伤变形分析

非对心工况具有不对称性, 所以碰撞后的平台既有 X 方向又有 Y 方向的位移, 而且还会有一定的转动。图 7.34 中所示是平台整体的位移, 其中图 7.34(a) 中是 X 方向整体变形, 最大位移为-0.6278m, 出现在碰撞区域, 平台主体的位移是-0.5m 左右; 图 7.34(b) 中是 Y 方向整体变形图, 最大位移为 1.089m, 也是出现在碰撞区域, 平台主体的位移是 0.8m 左右。

图 7.35 所示为非对心工况自升式钻平台桩腿的应力时程与变形图。从结果中可以发现, 碰撞接触处和管节点处的应力高于其他位置, 管节点处出现了应力较大, 所以管节点不仅是疲劳寿命评估中的关键位置, 也是碰撞特性评估中的极易断裂点。

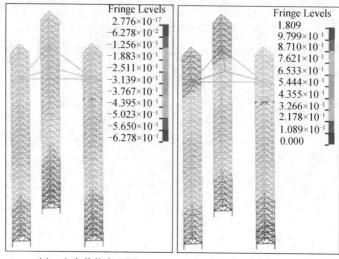

　　(a)X方向整体变形图　　　　　　　　(b)Y方向整体变形图

图 7.34　平台整体变形

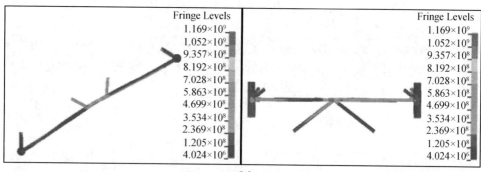

$t=0.3$s

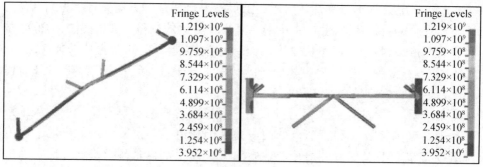

$t=0.9$s

图 7.35　局面变形图

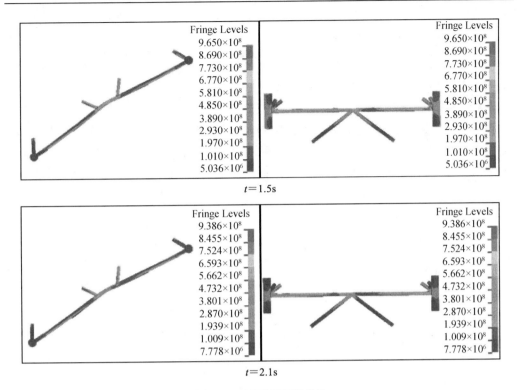

$t=1.5\mathrm{s}$

$t=2.1\mathrm{s}$

图 7.35　局面变形图（续）

2. 碰撞过程中的碰撞力分析

图 7.36 中所示为非对心工况中碰撞力的曲线图。由于是非对心碰撞，所以非对心工况的结果没有对心工况中结果的对称规律。由于碰撞的初始速度在 X 方向和 Y 方向上的速度分别是-1m/s 和 1.732m/s，Y 轴上的分速度较大，所以碰撞力在 Y 轴上的分力在整体趋势上是大于碰撞力在 X 轴上的分力的，此外该碰撞过程持续了近 2s。

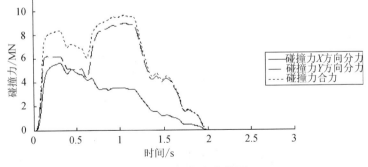

图 7.36　碰撞力曲线图

3. 碰撞过程中的能量分析

图 7.37 所示为非对心工况的能量转换曲线图，船舶撞向桩腿横撑时，接触的局部结构首先发生弹性变形，因而转换能量最先出现的是弹性变形能，随后出现塑性变形能和平台的动能。定量来看，有 2.3MJ 系统能量被碰撞区域结构件的塑性变形所消耗，占碰撞总能量的 20.9%，船舶的动能于 1.4s 时减小到 0，然后又缓慢的增加到 0.3MJ，占碰撞总能量的 2.7%；碰撞过程中大部分能量以弹性变形能和平台动能的形式存在，随着平台整体的运动，平台的弹性变形能和动能相互转化。

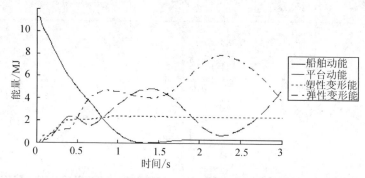

图 7.37　碰撞过程中能量变化曲线图

图 7.38 中给出了非对心工况中三根桩腿弹性变形能变化图。$t=0.4s$ 前，桩腿 1 的弹性变形能快速增长，而桩腿 2 和桩腿 3 的弹性变形能基本无变化，这是因为平台运动具有一定的滞后性；在 $t=0.25s$ 后，桩腿 1 中储存的变形能开始减少，通过平台主体传递给了桩腿 2 和桩腿 3；在 $t=0.4s$ 后，三根桩腿的弹性变形能均有快速增长，随后有一个下降的趋势，既而又增长，形成一个峰状曲线，这期间平台首先以旋转运动为主，随后旋转回复，然后以平移运动为主，最后到达位移最大位置处，弹性变形能达到一个峰值。

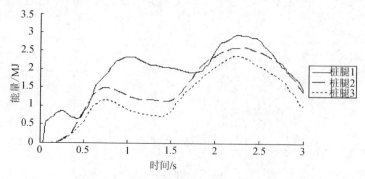

图 7.38　三根桩腿的弹性变形能变化曲线图

图 7.39 所示为桩腿 1 的弦杆与撑杆弹性变形能量变化曲线图。由于平台运动的滞后性，在碰撞前期，撑杆和弦杆的弹性变形能先增长后减小，由于弦杆的强度较大，而撑杆的强度相对较小，所以撑杆将发生更大的变形，碰撞吸收的能量也较多；在 $t=1.56\text{s}$ 时，弦杆吸收的能量又超过了撑杆，这是由于桩腿发生了较大的整体位移，弦杆有了一定的弯曲。

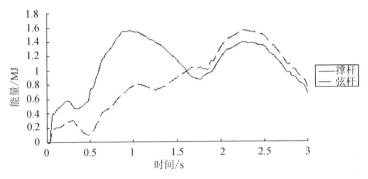

图 7.39　桩腿 1 的弹性变形能变化曲线图

4. 碰撞过程中的运动分析

非对心工况是非对心碰撞，碰撞后平台的运动要更复杂一些，图 7.40 和图 7.41 中所示的为平台上 O、A、B、C（点的命名如图 7.42 所示）点的 X 方向和 Y 方向的位移曲线图。分析发现，自升式平台在碰撞初期发生的运动主要以旋转运动为主，在 0.66s 时出现了最大旋转角，将 0.66s 时平台的位置状态以图 7.42 示意，测量得到此时的平台沿逆时针方向旋转了 2°；碰撞继续进行，平台逐渐以平动为主，在 2.19s 时，平台达到最大平移位置，如图 7.43 所示，平台主平台主体中心在 X 方向上平移了 0.44m，在 Y 方向上平移了 0.867m，合成位移为 0.972m。非对心工况中平台的最大位移 0.972/103<1/100，所以碰撞时产生的最大位移不会使平台倾覆，是安全的。

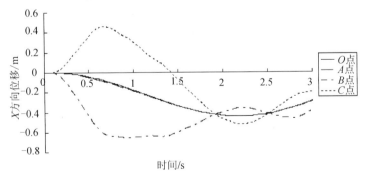

图 7.40　X 方向上的位移曲线

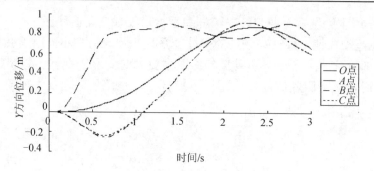

图 7.41　Y 方向上的位移曲线

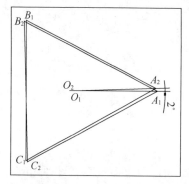

图 7.42　平台最大旋转位置示意图

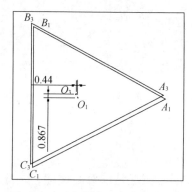

图 7.43　平台最大平移位置示意图

图 7.44 和图 7.45 给出了平台中心的速度和加速度曲线图(图中正负代表方向，合成速度和合成加速度只表示数值)。X 方向的速度值和加速度值均比 Y 方向的速度值和加速度值要小，在 1.4s 时加速度变为反向，此时平台的桩腿形成的回复力大于碰撞船舶给桩腿的推力，X 方向和 Y 方向的速度也在此时达到了最大值，分别为 0.67m/s 和-0.36m/s，合成速度为 0.78m/s；非对心工况中平台主体中心的最大加速度约为 1.5m/s²，不会造成平台上人员的不适或设备的损害。

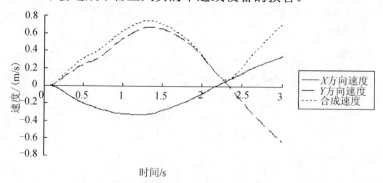

图 7.44　平台中心的速度曲线图

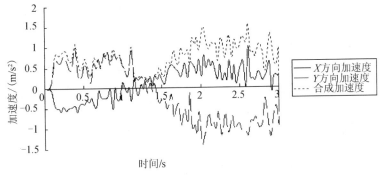

图 7.45　平台中心的加速度曲线图

7.2.2　对心与非对心碰撞对比

两个工况的碰撞方向及碰撞接触位置不同,平台整体在抗弯强度方面有所差异,局部刚度也不同,所以造成的平台整体变形和局部变形存在较大的差异。由于对心工况中平台具有对称性,平台整体抗弯的抗弯强度较大,所以整体变形比非对心工况中平台的整体变形要小。对心工况中的弦杆相当于受到一个横向的剪切力,接触面也较小,碰撞后造成的局部塑性变形呈现一个明显的凹陷;非对心工况中横撑在轴向上与碰撞船头有较大的接触面,且横撑的刚性比弦杆小,所以被撞的横撑整体有一个较大幅度的变形。

对心工况中的最大碰撞力为 27.6MN,碰撞持续了 0.6s 左右,非对心工况中最大碰撞力 9.7MN,碰撞持续了近 2s,因此对心工况的碰撞比非对心工况的碰撞要剧烈得多,这是对心工况中的平台整体刚性和局部结构刚性较大造成的。

对心工况中的碰撞船的动能减少速度明显快于非对心工况,对心工况中的塑性变形能占碰撞总能量的 47.4%,非对心工况中的塑性变形能占碰撞总能量的 25%,所以对心工况中的结构损伤要比非对心工况中的结构损伤严重;比较两个工况碰撞过程中三根桩腿的吸能情况,均属被撞桩腿吸收的弹性变形能多,而在碰撞初期,对心工况的被撞桩腿的吸能比非对心工况中的要多,这是因为非对心工况在碰撞初期阶段发生了旋转运动,消耗了一定的能量;比较两种工况中被撞桩腿中的能量分布情况,在碰撞初期,撑杆所吸收的能量多于弦杆所吸收的能量,随着自升式钻井平台整体的变形,弦杆吸收的能量慢慢又超过了撑杆所吸收的能量。

在平台运动方面,最大的差异就是对心工况中的平台只有在 X 方向上的运动,而非对心工况中的平台既有 X 方向的运动又有 Y 方向的运动,而且还有一个旋转运动。

参 考 文 献

陈建强, 王健会, 李明海, 等. 2011. 自升式钻井平台插桩深度探析[J]. 海岸工程, (01): 18-21.

陈建强, 王健会, 李明海, 等. 2012. 自升式钻井平台拔桩机理探讨[J]. 海岸工程, (02): 1-6.

丁建波, 张建, 钱浩, 唐文献. 2015. 自升式钻井平台动态响应研究[J]. 船舶工程, 37(2):76-80.

金伟良, 宋剑, 龚顺风. 2004. 船舶与海洋平台撞击的荷载模拟[J]. 计算力学学报, (1): 26-32

李亚男, 唐文献, 张建, 等. 2014. 基于锚泊系统的半潜式海洋平台系泊缆长度优化方法研究[J]. 船舶工程, 36(3): 115-118.

林一, 胡安康, 熊飞. 2012. 自升式平台风载荷数值模拟与实验研究[J]. 水动力学研究与进展A辑, (02):208-215.

戚心源, 朱祖祺, 严似松, 等. 1995. 不规则波中拖航系统的模型试验[J]. 水动力学研究与进展(A辑), (01): 1-8.

秦文龙. 2015. 南海北部湾处自升式平台环境载荷研究[D]. 镇江: 江苏科技大学.

邵炎林, 何炎平. 2006. 海洋结构物中典型圆管构件的碰撞损伤研究[J]. 中国海洋平台, 21(1): 35-40.

唐文献, 钱浩, 张建, 等. 2015. 自升式钻井平台倒 K 型桩腿结构优化设计[J]. 船舶工程, 37(1):87-90.

唐文献, 秦文龙, 张建, 等. 2013. 自升式平台桩靴结构优化设计[J]. 中国造船, 54(03): 78-83.

唐振新. 2015. 自升式平台拖航就位性能研究[D]. 镇江: 江苏科技大学.

王楠, 吴建政, 徐永臣, 等. 2012. 单一地层平台插桩地基土破坏模式及插桩深度有限元分析[J]. 海岸工程, (04): 20-28.

韦有溯. 2015. 自升式钻井平台与船舶碰撞特性研究[D]. 镇江: 江苏科技大学.

相升旺. 2014. 自升式平台站立状态下桩腿动静强度分析[D]. 镇江: 江苏科技大学.

杨栋. 2015. 自升式平台插/拔桩机理研究[D]. 镇江: 江苏科技大学.

张宝峰. 2007. 海洋平台 K 型管节点的疲劳裂纹扩展分析 h 试验测试[J]. 计算力学学报, 24(5): 643-647.

张建, 唐文献, 秦文龙, 等. 2013. 偏心受压工况下自升式平台桩腿力学性能研究[J]. 中国造船, 54(2): 111-117.

张建, 唐文献, 苏世杰, 等. 2013. 硬土-软土插桩过程数值分析及验证[J]. 石油勘探及开发, 4, 492-496

张建, 唐文献, 苏世杰, 等. 2013. 环境载荷对自升式钻井平台动力响应的影响[J]. 中国造船, 54(1): 93-99.

张剑波. 2006. 随机载荷作用下平台结构疲劳寿命预测[J]. 海洋通报, 25(5): 50-55.

张浦阳, 于晓洋, 丁红岩. 2011. 海上自升式钻井平台插桩阶段桩靴承载力计算[J]. 石油勘探开发, (05): 613-619.

赵海洋. 2015. 自升式海洋平台桩腿疲劳寿命研究[D]. 镇江：江苏科技大学.

中国船级社. 2011. 海上拖航指南（中）[S]. 北京.

中国船级社. 2012. 海上移动平台入级规范[S]. 北京: 人民交通出版社.

朱军, 张旭, 陈强. 2006. 缆船非线性拖带系统及数值仿真[J]. 中国造船, （02）: 1-9.

ABS. 2010. Mobile offshore drilling units[S].

DNV. 2010. DNV-RP-C205 Environmental conditions and environmental loads[S].

DNV. 2011. Design of offshore steel structures, general（LRFD Method）[S].

DNV. 2012. DNV-RP-C104 Self-elevating units[S].

Dong S, Wang N, Lu H, et al. 2015. Bivariate distributions of group height and length for ocean waves using Copula methods[J]. Coastal Engineering, 96:49-61.

Tang W X, Cao J, Zhang J, et al. 2013. K-type, inverse K-type and X-type legs stability analysis of jack-up offshore platform[C]. Applied Mechanics and Materials, 312: 205-209.

Tang W X, Tang Z X, Xia X, et al. 2013. Optimum structural design of the hull on jack-up platform[C]. Advanced Materials Research, 631-632: 936-941.

Zhang J, Tang W X, Hao Q, et al. 2013. Spudcan-soil interaction analysis of a jack-up based on elastic-plastic model[C]. Applied Mechanics and Materials, 401-403: 441-445.

Zhang J, Tang W X, Qin W L, et al. 2013. Advanced Numerical Analysis of Jack-Up Spudcan Penetration in Layered Sandy Soil[C]. Applied Mechanics and Materials, 339: 628-631.

Zhang J, Tang W X, Su S J, et al. 2012. Effects of Foundation Models on Jack-up Site Assessment[J]. Advances in Natural Science, 5（4）: 12-18.